国家安全保障の公法学

国家安全保障の公法学

山下愛仁 著

信山社

序　論 ―― 1

◇第一編　防衛法制論

Ⅱ

防衛法制論のあり方に関する若干の考察
——一つの問題提起として——　61

Ⅳ

「領域警備」に関する若干の考察
――防衛作用と警察作用の区別に関する一試論――

◇第二編　憲法の基礎理論

（付　録）

アメリカ国家の根底にあるもの覚書
——「資本主義」がアメリカの国民性にあたえた影響—— 265

国会安全保障の公法学

序論

一　本書は、これまで公にしてきた論文四編に、あらたに書き下ろした論文二編を加えた論文集である。各論文を収録するに際しては、論旨をより明確にするため、あるいは表現の適正化を図るため、一部加除・修正した。ただし主旨に変更はない。

また、読者の便を図るため、引用文献の版を最新のものにあらためるため、注の形式を統一した。また、一部の論文の見出しを追加記述した。いくぶん読みやすくなったように思う。

二　各論文を発表順に並べると次のようになる。

①「自衛隊法八四条の意義に関する若干の考察」　防衛法研究第二三号（一九九九年）

②「アメリカ国家の根底にあるもの覚書――『資本主義』がアメリカの国民性にあたえた影響」（原題：「資本主義」がアメリカの国民性にあたえた影響）　駒澤大学大学院公法学研究第二七・二八合併号（二〇〇二年）

③「『領域警備』に関する若干の考察――防衛作用と警察作用の区別に関する一試論」　防衛

法研究第二六号（二〇〇二年）
④「防衛法制論のあり方に関する若干の考察――一つの問題提起として」防衛法研究第三〇号（二〇〇六年）
⑤「防衛省『省移行』の一側面――主として内閣・行政各部の関係からの検討」（書き下ろし、二〇〇九年）
⑥「憲法学における『国家』の復権――小嶋和司博士の所説を契機として」（書き下ろし、二〇〇九年）

内容に則せば、①、③、④、⑤が防衛法制論、②がアメリカ論、⑥が憲法の基礎理論をそれぞれ課題としたものと言える。課題の統一性に欠くものではあるが、それぞれ基礎的なものの考え方を明らかにしたいという意図のもと執筆したものである。

三　本書の中心を成すのは、防衛法あるいは防衛法制を扱った第一編、①、③、④、⑤論文である。

1　第一編における各論文の配列について、はじめに説明しておきたい。⑤、④、①、③の順に収録することとしたが、⑤、④論文は、後で触れるが、憲法学（統治機構論）の課題でもあることから、防衛法に直接関心を持たれない読者にも資する内容となっているものと考えたからである。①、③は、発表順とした。

2　また、①論文において「防衛庁」及び「防衛庁長官」の語を発表当時のまま用い、「防衛省」、「防衛大臣」の語にあえて修正しなかった。それは、批判の対象とした論考の執筆時期を考慮するとともに、公表当時のある種の「緊張感」を維持しようと考えたからである。ただし、防衛庁を防衛省に、防衛庁長官を防衛大臣に読み替えていただければ、現在でも通用する論文であると考えている。

3　ところで、防衛法あるいは防衛法制を論じるに際しては、まず、防衛法ないし防衛法制とはそもそも何かが問われなくてはなるまい。なぜなら防衛法なる法典が存在するわけではないからである。この点は、行政法なる法典がないことと同様である。では、学の対象という意味において、行政法と防衛法を同列に論じることは適当であろうか。否である。

形式的には行政法とは行政に関する諸法令群の総称と言い得るし、その類比で言えば、防衛法あるいは防衛法制とは防衛省・自衛隊に関わる諸法令群の総称と言い得るであろう。すなわち防衛法とは、さしあたり自衛隊法及び防衛省設置法を中心に周辺事態安全確保法や各種有事法制などを含めた防衛省・自衛隊の活動に係る法令群を意味すると言える。

しかし行政法が学問の一分野として確固たる地位を占めている一方、防衛法はそのような位置づけにはない。ではなぜ行政法は学問としての位置づけを有するのか。それは様々な行政に関する諸法令群を貫く統一的な法原理がある、との判断があるからであろう。

防衛法の領域においてはどうか。行政法と同様な意味で防衛に関する諸法令群を貫く統一的な法原理なるものが存在するのであろうか。

私の問題意識は、行政法あるいは行政法学との類比的視点を保持しつつ、防衛法ないし防衛法制を貫く統一的な法原理なるものはあるのか、あるとすればそれはどのようなものか、また、防衛に固有の法的性質とは何か、という点にあった。

防衛法の領域においても、しばしば防衛作用法、防衛組織法という用語が用いられ、①、③は防衛作用法の、④（ただし前半は防衛作用法についても論述）、⑤は防衛組織法の研究と一応言い得るし、伝統的行政法学が説くところの作用法＝外部関係法、組織法＝内部関係法の区別、枠組みを意識して研究をしてきたのであるが、この区別、枠組みをそのまま防衛法の領域に適用することの問題点を指摘しておきたい（①論文一七四頁、④論文一一三頁参照）。

なぜなら、行政法は、「法治主義」あるいは「法律による行政の原理」を軸に構成される法領域であると考えられるが、これは基本的に国家機関と国民（私人）との関係を軸に考える法原理と言える一方、防衛法に基づく防衛作用の対象は、端的に言えば「敵戦闘員」であることから、「法治主義」あるいは「法律による行政の原理」の適用のない領域であると考えられるからである。「敵戦闘員」と「国民（私人）」を同列に扱うことは不条理であろう。

防衛法に基づく警察作用（例えば治安出動など）については、「法治主義」あるいは「法律による行政の原理」が妥当することは言うまでもない。ただし、防衛出動を除く自衛隊の行動類型をすべて警察作用と位置づけるべきかについては疑問がある。この点③論文及び④論文の前半において論じた。

さらに、防衛の領域における、内閣・国会間の所管配分の問題、内閣・行政各部（とりわけ防衛省）間の所管配分の問題が大きな論点になり得ることを指摘しておきたい（それぞれ④及び⑤論文で論じている）。これらの問題は、憲法学（統治機構論）における重要なテーマであると思われるが、これまでほとんど論じられなかった。

4　以上のような、方法論上、あるいは理論上の観点とは別に、①、③、④、⑤の諸論文は、その時々の状況を反映してテーマ選択が行われてもいる。つまり、実務的要求に拘束されており、したがって時代の産物でもあることは否定できない。なお、ここで言うところの実務的要求なるものは、私自身が防衛庁(省)・自衛隊における法制に係る直接的な実務担当者であった、という意味では必ずしもないことをお断りしておきたい。論文執筆の背景を述べれば次のとおりである。

①論文は、一九九八年（平成一〇年）八月の北朝鮮のミサイル発射事案の影響を受け、平素から、弾道ミサイルを含め経空脅威全般に対しどのように対処すべきか、という問題意識

のもと検討したものである。

③論文は、二〇〇一年（平成一三年）九月の米国同時多発テロ及び同年一二月に発生した奄美大島沖での不審船と海上保安庁巡視船との銃撃戦の影響を受けた。

④論文は、③論文に引き続き、「防衛（作用）」と「警察（作用）」を区別する基準について研究を進めていたところ、いわゆる「ネガ・リスト」、「ポジ・リスト」論の再構成が可能なのではないかとの見通しのもと、二松学舎大学で開催された憲法学会（平成一七年六月一一日（土））において「防衛作用と警察作用」と題し報告した内容をもとに大幅に加筆したものである。その際、平成一七年八月に発表された「自民党新憲法草案」の影響を受けた。

なお、④論文の執筆は、部隊指揮官（第二一高射隊長）に任ぜられていた時期に行われたが、構想それ自体は、いわゆる事態対処法制関連七法の制定に係る航空幕僚監部における主務担当者時代に構築したものである。我が国有事法制あるいは防衛法制全体に強く違和を覚えたことが、④論文執筆の直接的動機であったことを告白しておきたい。

⑤論文は、文字どおり二〇〇七年（平成一九年）一月の防衛省「省移行」（及びそれ以前のこれに関する諸議論）の影響を受けたものである。

5　これらの論文は時代の産物ではあるものの、他方共通して言えることは、上述したような方法論あるいは理論上の問題意識に基づき、これまで防衛法の研究においてほとんど行われてこなかった公法学上の伝統的な概念や学説を諸課題に適用して分析しており、少なくとも主観的にはいずれも時評的論文ではないものと認識している。

6　以上、①、③、④、⑤論文については、防衛法あるいは防衛法制の領域における法原理の探求、さらには防衛に固有の法的性質の究明を執筆の目的としていたのであるが、それらを十分に摘出し得たかというと、その成果の乏しさは明らかである。その意味で本書は、質及び量の両面において不十分なものではある。しかしながらこれら諸論文が、防衛法の領域における諸課題の検討に際し、何らか参考に値するもの——学問、実務、その他分野を問わず——として認められるとするならば、望外の幸せである。

7　なお、論文集の性格上、一部内容に重複する箇所があるが、これを修正することは、円滑な論理展開を妨げる恐れがあること、また、強調したい箇所の重複は重複それ自体にそれなりの意味があるのではないか、との判断により、一切行わなかった。この点読者のご理解を賜りたい。

四　⑥論文は、小嶋和司博士の所説を契機として、カール・シュミット、尾高朝雄博士の所論、さらには一種の「生の哲学」に基づき、「国家」の実在性を肯定し、さらには「国家」を不文の法源として認める憲法学の理路について論じたものである。

明瞭とは必ずしも言い得なかった小嶋博士の論理を追求すれば、⑥論文で論じたような展開が可能であり、問題提起の意味はあるのではないかと思っている。

五　②論文は、航空自衛隊幹部学校（指揮幕僚課程）在籍中における講座、「国民性研究」での研究成果であり、法学には直接関係ない論文ではあるが、「同盟国であるアメリカとはそもそもどのような存在であるのか」ということは安全保障上重要なテーマであることの他、アメリカ研究の専門家ではないものの平成の一自衛官が同盟国アメリカをどのように捉えているかという点において、内容あるいは見解の当否とは別に、一種の資料的価値があるのではないかと考え、付録として収録することにした。

六　本書に収録したすべての論文は、個人的見解を述べたものであり、所属機関の立場、見解とは無関係である。

〈第一編〉防衛法制論

Ⅰ

防衛省「省移行」の一側面

――主として内閣・行政各部の関係からの検討

軍隊が敗北すれば、いかなる政治の成功も不可能である。また、政治的手腕を欠いた戦略には一文の価値もない。

シャルル・ド・ゴール『剣の刃』

一　はじめに

平成一九年一月九日、防衛庁は防衛省へ「省移行」した。もとより防衛庁に対しては、「国防という機能からいいますと、本来は省の一つとすべき筋合いのものでしょう」(1)との指摘もあったところであり、防衛省・自衛隊を違憲と捉える論者は別として、防衛庁から防衛省への「省移行」については当然視するのが大方の反応なのであろう。

ところで本稿筆者は、防衛省の「省移行」について次のような問題提起をしたことがある(なお、本稿筆者が「省移行」それ自身を否定するものでないことは言うまでもない)。

現在議論されている防衛庁の「省昇格」に際しては次のような理論的な論点が生じ得る。……(中略)……防衛に係る事務を「執政」と位置づけることが適当であるならば、防衛庁の「省昇格」に際しても、組織法上の位置づけに関し一定の考慮が必要になるように思われる。……(中略)……自衛隊法七条の規定に基づく内閣総理大臣の自衛隊に対する指揮監督権と防衛省の主任の大臣である防衛大臣の権限との関係あるいは事務の分配につき、一定の整理が必要になるのではなかろうか。防衛庁の省昇格の問題は、内閣、内閣総理大臣、主任の大臣、安全保障会議、自衛隊部隊等、それぞれの組織法上の位置づけ、とりわけ自衛隊部隊に対する指揮命令のあり方及び指揮命令権者に対する補佐のあり方等について、今一度再考を促す機縁になるように思われる(2)。

また、石破茂元防衛大臣の次のような発言も伝えられている。

内閣府は国家行政組織法上ではその他の省庁の上にあるのだから、内閣府の外局だった防衛庁はポジティブな意味があると思っていた。省にするなら、任務は『自衛隊の管理・運営とそれに必要なその他の事務』ではなく、防衛政策の企画・立案や安全保障会議との役割分担を明確にすべきだ、と私は主張したが、一顧だにされず、名称の書き換えという非常に事務的な法改正が行われた。私は何度もおかしいと言った。「防衛庁が省になっても、中身は何も変わらない」というその説明自体が気に入らないのです(3)。

そこで、上記のような本稿筆者による問題提起や石破茂元防衛大臣の問題意識（伝聞ではあるが）を踏まえ、防衛省への「省移行」について、次章において「問題の所在」を明らかにし、以降、論を展開することとする。

二　問題の所在

『防衛白書』は防衛庁から防衛省への「省移行」に伴う変更点の一つを次のように説明する。

省への移行は、……（中略）……国政の中で重要性を増大させている「国の防衛」の主任の大臣を置き、防衛庁を他の重要な政策を担う組織と同様、「省」に位置づけるものである。省への移行により、「国の防衛」の主任の大臣は防衛大臣となることから、主任の大臣としての指揮監督は、内閣府の長である内閣総理大臣ではなく防衛大臣が行うこととなる(4)。

「省移行」前においては、防衛庁は内閣府の外局として位置づけられ、防衛庁長官は国務大臣ではあったが「国の防衛」の主任の大臣ではなかった。内閣府の長である内閣総理大臣が「国の防衛」の主任の大臣であった。

また『防衛白書』は内閣総理大臣から防衛大臣への主任の大臣の変更について、次のように評する。

内閣の首長であり最高指揮官たる内閣総理大臣によるシビリアン・コントロールの枠組みを維持しつつ、そのもとで内閣府の長たる内閣総理大臣の分担管理事務とされてきた国の防衛に関する事務について、専属的に所掌する主任の大臣を置き、これに行使させることは、自衛隊の管理に関する責任と権限がより明確化されることとなり、シビリアン・コントロールの一層の徹底を図ることに資すると考えています(5)。

なお、自衛隊の最高の指揮監督権、防衛出動や治安出動を自衛隊に命ずる権限などの内閣の首長としての内閣総理大臣の権限は、引き続き内閣総理大臣が保有しており、変更はない(6)。

『防衛白書』は主任の大臣として防衛大臣を置くことにより、「自衛隊の管理に関する責任と権限がより明確化され」、「シビリアン・コントロールの一層の徹底を図ることに資する」と肯定的に評価する。また、大石眞教授による「国防という機能からいいますと、本来は省の一つとすべき筋合いのものでしょう」(7)との指摘は本稿冒頭で紹介した。が、「自衛隊の管理に関する責任と権限の明確化」については他面、防衛省と内閣との関係において、「国の防衛」に係る事務を分担管理する防衛省の独立性が強化された、と評することも可能で、この点についての検討が必要である。内閣総理大臣による防衛庁・自衛隊に対する指揮監督の実質的な権限というのは、「内閣総理大臣が主任の大臣であったからこそ担保されていた」、と解する余地があるからである。例えば「防衛省移行記念式典」における中曽根康弘元内閣総理大臣の祝辞に次のような件があることをも注視すべきであろう。

シビリアン・シュプレマシーというのは内局の文官の優勢を示すものではない。これは、我々も明確に考えていたことであり、大臣や政務次官、国会、政治の優位というものを示すものである、ということを確認したものであります(8)。

中曽根元総理は、シビリアン・シュプレマシー、すなわち巷間シビリアン・コントロールと呼ばれる作用のあり方、重要性を指摘された上で、続けて次のように述べられたのである。

いよいよ防衛省が前進いたしますが、……（中略）……省となれば、自主性、独立性が更に強まってきます(9)。

このように中曽根元総理は、上述の「『国の防衛』に係る事務を分担管理する防衛省の独立性が強化された、と評することも可能」と同様の見解を示されている。

他方、防衛省の省移行については、これまで内閣総理大臣が主任の大臣として果たしてきた具体的な役割に問題はなかったか、主任の大臣としての具体的機能如何、という問題があったことは確かであろう。この点に鑑みれば、防衛庁長官を防衛大臣として主任の大臣に変更することによる防衛行政に係る「実態」と「権限」の一致を「シビリアン・コントロールの一層の徹底」と評することも、また可能と思われる。

しかしながら、本稿で課題としたいのは、「実態」面からの検討ではなく、主として公法学の視点から防衛省の省移行について何が言い得るのか、ということである。後述するが、防衛省・自衛隊に対する内閣の首長としての内閣総理大臣の指揮監督権は限定的である。これは、防衛省・自衛隊に限ったことではなく、内閣（総理大臣）の各府省に対する指揮監督権が限定的なのである。当該指揮監督権のあり方を変更するためには、憲法改正が必要である。

防衛庁の防衛省への「省移行」は、『防衛白書』のような肯定的評価があり得るのであるが、他方、上記の点を踏まえれば、公法学の見地から国の防衛に係る事務を担任する防衛省の独立性の強化（内閣との関係で）が、その意図とは別に図られたと評し得る余地がある。したがって、この点を考慮すれば、例えば国の防衛に係る内閣の機能強化もあわせ行うことが必要なのではないのか、との疑問が生じるのである。

そこで以下、以上のような問題意識のもと、防衛庁の防衛省への省移行の一側面を、主として内閣と行政各部との関係に係る公法学の知見に基づき分析するとともに、若干の問題提起をすることとしたい。その際、本稿執筆中、現在進行形である「防衛省改革」の動きを踏まえることとする（なお、本稿五三頁「追記」参照）。

三　防衛省への省移行に伴う組織法上の位置づけの変更

防衛省は、「行政組織のため置かれる国の行政機関は、省、委員会及び庁とし、その設置及び廃止は、別の法律の定めるところによる（国家行政組織法三条二項）」及び「国家行政組織法第三条第二項の規定に基づいて、防衛省を設置する（防衛省設置法二条一項）」の規定に基づき設置されている。また、「防衛省の長は、防衛大臣とする（防衛省設置法二条二項）」とも定める。

このような防衛省は、内閣との関係ではどのような位置づけを有するのか。この点国家行政組織法三条三項は「省は、内閣の統轄の下に行政事務をつかさどる機関として置かれるものとし、委員会及び庁は、省に、その外局として置かれるものとする」と規定する。つまり防衛省は「内閣の統轄の下に行政事務をつかさどる機関」と位置づけられている。

それでは「省移行」前はどのような位置づけにあったのか。防衛庁は内閣府の外局であった。

内閣府は、内閣に置かれている組織である（内閣府設置法二条）。内閣の補助機関としての性格を有する組織として位置づけられている（ただし内閣府は、「内閣に置く」としながらも、内閣を補佐する機能の他、行政各部としての機能をもあわせもっており、いわば二つの側面を持つ組織とも言い得ることには注意すべきである。内閣府設置法三条二項、同法四条三項参照）。その上で防衛庁は、「内閣府には、その外局として、委員会及び庁を置くことができる（内閣府設置法四九条一項）」、「別に法律の定めるところにより内閣府に置かれる委員会及び庁は、次の表の上欄（本稿においては左欄）に掲げるものとし、この法律に定めるもののほか、それぞれ同表の下欄（本稿においては右欄）の法律の定めるところによる」の規定に基づき設置されていた。

国家公安委員会	警察法
防衛庁	防衛庁設置法
防衛施設庁	
金融庁	金融庁設置法

上記規定を受け、防衛庁設置法二条は「内閣府設置法第四九条第三項の規定に基づいて、内閣府の外局として、防衛庁を置く」と定めていた。

防衛庁は内閣府の一外局であったことから防衛庁長官は国務大臣ではあったが主任の大臣ではなく、防衛庁の主任の大臣は、内閣府の長である内閣総理大臣であった（内閣府設置法六条一項、同条二項）。

防衛省の省移行前の法的位置づけは、以上のようなものであった。「省移行」は、この位置づけを変更するものであり、それに伴い主任の大臣は、内閣府の長である内閣総理大臣から防衛大臣へ変更された。

次に、上記を踏まえ、「省移行」の一側面について次章以降、具体的な検討に入る。

四　内閣と行政各部との関係から見た防衛省・自衛隊の位置づけ

防衛省は内閣の統轄の下における行政各部、行政機関として位置づけられることは先に指摘した。

それでは、現行憲法上、内閣と行政機関の関係はどのように理解されているのか。現行憲法に次の規定がある。

一　内閣と行政各部

行政権は、内閣に属する（憲法六五条）。

内閣総理大臣は、内閣を代表して議案を国会に提出し、一般国務及び外交関係について国会に報告し、並びに行政各部を指揮監督する（憲法七二条）。

さらに内閣法は次のように規定する。

内閣総理大臣は、閣議にかけて決定した方針に基いて、行政各部を指揮監督する（内閣法六条）。

なお、「行政各部」とは国家行政組織法で規定する「行政機関」と同義と解して良い(10)。問題は、行政権を担う内閣（憲法六五条）と行政各部（行政機関）（憲法七二条）との関係である。

この点、佐藤功教授は次のように説かれる。

行政事務はすべて内閣が自ら行うのではなく、主任の大臣が分担管理し、各省庁がそれぞれその所掌事務および権限として実施し、内閣はそれを統轄するのである。そしてこの「統轄」は調整を意味する。……（中略）……したがって内閣の行政各部に対する指揮監督権も、原則として、この統轄すなわち調整に当たって、かつそれに必要な限度においで行使されるものというべきである。すなわち調整の必要がない場合あるいはその必要を超えて内閣が各省庁の所掌事務に対して指揮監督権を行使するという趣旨ではない(11)。

佐藤教授は内閣の行政各部に対する「統轄」とは、「調整を意味する」と述べられる。つまり同教授の所論を別の角度から見れば、憲法七二条に基づく内閣総理大臣の行政各部に対する指揮監督は限定的なものであり(「調整」にすぎない)、他方、行政各部は相当な裁量権(もとより所掌事務の範囲内においてではあるが)を有すると解することができる。このような理解の根拠は憲法七二条の規定であり、これが佐藤教授の解釈の論拠であると思われる。現行憲法の下においては、各府省が所掌事務をそれぞれ分担管理することは憲法の規定に根拠を持ち、このことから、内閣の権限は行政各部との関係において限定的であると解されることとなる。

森田寛二教授も次のように説かれる。

周知のように憲法「第五章　内閣」のなかにある憲法七二条は、「内閣総理大臣［内閣の首長としての立場における内閣総理大臣］は、……行政各部を指揮監督する」と規定している。

そう定めていることから理解されるように憲法七二条は、「内閣」との《対比》で「行政各部」といっているのである。――同条の「行政各部を指揮監督する」という定めは、大臣を長とする「行政……部」の担当事務に係る「最終の責任」はその大臣にあること、別言すると、大臣を長とする「行政……部」の担当事務を「管理」するのはその大臣にあることなどを土台にもっている(12)。

森田教授は行政各部の担当事務に係る「最終の責任」を有するのは当該担当大臣であると理解される。したがって、森田教授の所論からも行政各部は、内閣との関係において独立性の高い組織であると言える。更に森田教授は次のようにも説かれる。

「行政……部」は、「内閣」と《対比》されているものであるから、《内閣と(形態的には)切り離されて置かれる組織》としての性格を有する。

憲法「第五章　内閣」においては「内閣」は《行政事務の全体的要務》という「一般」を、「行政各部」は各《行政事務》という「各般」を担当するという考え方がとられている(13)。

二　行政各部としての防衛省

森田教授が述べられることを防衛省に当てはめると、防衛省は行政各部であることから、

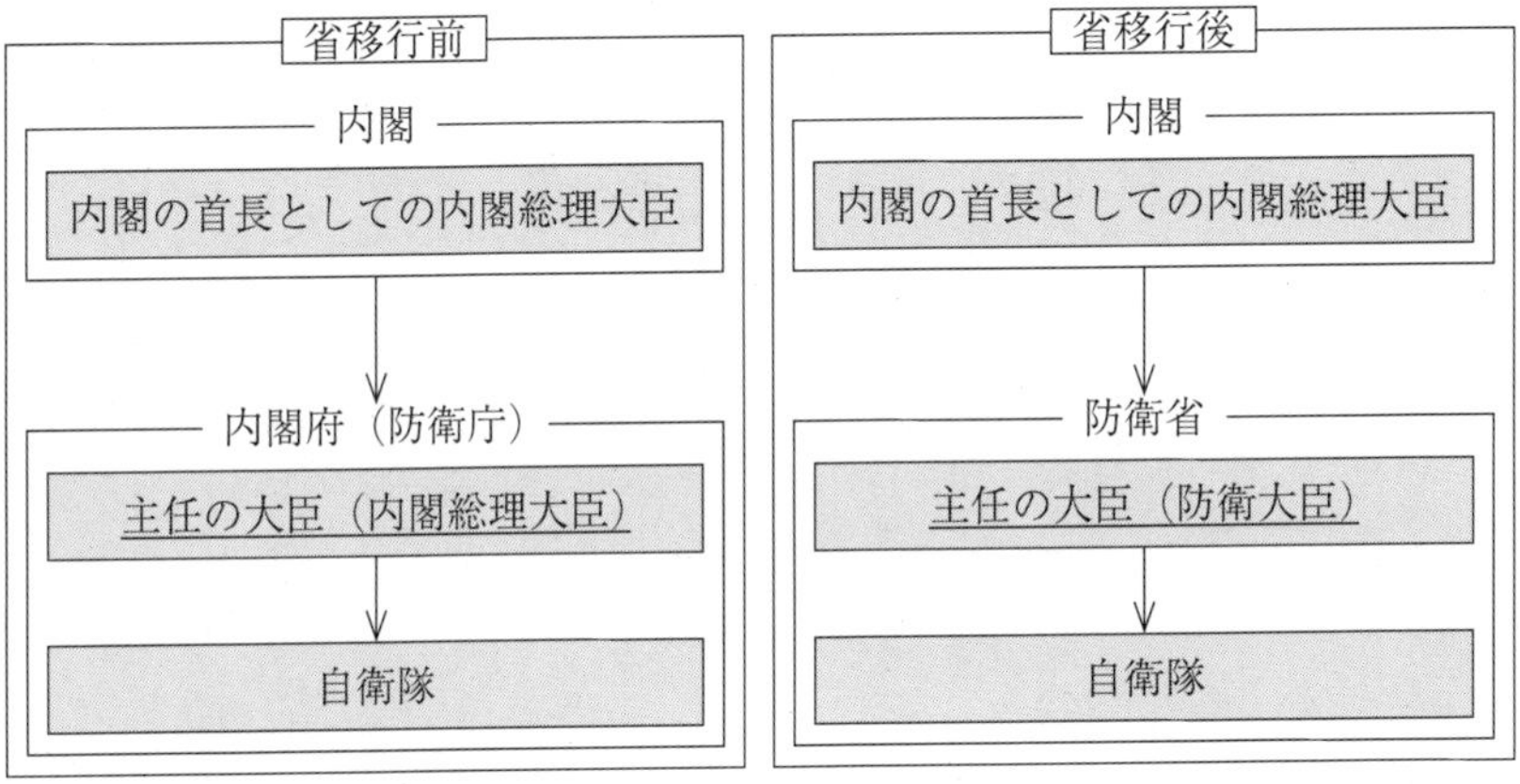

国の防衛に係る事務は「各般」に位置づけられる。この意味は重要である。

ここで議論を整理してみる。「省移行」前の防衛庁は内閣府の外局であり、主任の大臣は内閣府の長である内閣総理大臣であった。防衛庁時代においては内閣府の長である内閣総理大臣が「国の防衛」に係る事務の最終の責任者であったが、防衛省の「省移行」は、「国の防衛」に係る事務の最終責任者を防衛大臣に変更させた。この主任の大臣の変更は、法制度上、大きな意義をもつように思われる。先に紹介した『防衛白書』の「自衛隊の最高の指揮監督権、防衛出動や治安出動を自衛隊に命ずる権限などの内閣の首長としての内閣総理大臣の権限は、引き続き内閣総理大臣が保有しており、変更はない」の記述に照らせば、内閣の首長としての内閣総理大臣がこれまでどおり自衛隊の最高指揮監督権を有しているのであるから、内閣の首長としての内閣総理大臣と主任の大臣との関係で変更がない、ということは正しい。が、この説明内容は、その「関係」の「外観」に変更がないという意味にとどまるのではないか。関係の「内実」に変更がない、とまでは言い切れないものと解される余地があるのではなかろうか。内閣の首長としての内閣総理大臣と主任の大臣との「関係」については、一見変更はないように見えるが、それはあくまでも形式論上の議論にすぎないのではないか。

防衛省の「省移行」に伴う主任の大臣の変更を図式化すると前頁の図のようになる。主任の大臣を内閣府の長である内閣総理大臣から防衛大臣へ変更することは、形式的には内閣との関係において変更はない、と言える。が、先に紹介したように、通説の理解では行政各部に対する内閣（総理大臣）の指揮監督権は限定的であったことを想起する必要がある。

以上を踏まえ、次章において、防衛省・自衛隊に対する内閣（総理大臣）の指揮監督権について検討し、「省移行」の意味の一端に迫りたい。

五　防衛省・自衛隊に対する内閣の首長としての内閣総理大臣の最高指揮監督権

ところで防衛省と自衛隊とはどのような関係にあるのか。『防衛白書』に次のような記述がある。

一　防衛白書の記述

「防衛省」と「自衛隊」は、ともに同一の防衛行政組織である。「防衛省」という場合には、陸・海・空自衛隊の管理・運営などを任務とする行政組織の面をとらえているのに対し、「自衛隊」という場合には、わが国の防衛などを任務とする、部隊行動を行う実力組織の面をとらえている(14)。

『防衛白書』によれば、「防衛省」と「自衛隊」は「同一の防衛行政組織」であるという。しかしながら、「同一の防衛組織」である「防衛省」が「自衛隊」を「管理、運営」することが可能であろうか。同一の組織が自らを管理、運営するとは、如何なる意味であるのか。

この点、分かり難さが残ることから、防衛省と自衛隊が「同一の防衛行政組織」と言い切ることには躊躇を覚えるが、ここでは疑問の点を指摘するにとどめたい。

さて、現行の実定制度において、国家行政組織法及び防衛省設置法に依拠する防衛省に対する内閣総理大臣の指揮監督の仕組みと、自衛隊法に依拠する自衛隊に対する内閣総理大臣の指揮監督の仕組みの二つが存在する。

防衛省が行政各部であることに異論はないであろうから（その違憲論は別として）、防衛省に対する内閣の首長としての内閣総理大臣の指揮監督権は、憲法七二条の規定を受けた「内閣総理大臣は、閣議にかけて決定した方針に基いて、行政各部を指揮監督する」（内閣法六条）の適用を受けることは明白である。では自衛隊に対してはどうか。

自衛隊法七条は次のように定める。

内閣総理大臣は、内閣を代表して自衛隊の最高の指揮監督権を有する。

二　学説の検討――「憲法七二条確認規定説」と「統帥権創設規定説」

本条の意味をどのように解するかについては、「憲法七二条確認規定説」（通説及び政府見解）と「統帥権創設規定説」とが対立している(15)。

以下、両説について検討する。

憲法七二条確認規定説は、自衛隊法七条の規定は憲法七二条の「内閣総理大臣は、内閣を代表して……行政各部を指揮監督する」の規定、あるいは内閣法六条の「内閣総理大臣は、閣議にかけて決定した方針に基づいて、行政各部を指揮監督する」の規定を確認したものに過ぎず、内閣総理大臣に対し新たな権限を創設するものではない、と解する説である。

他方、統帥権創設規定説は、自衛隊法七条の規定は自衛隊の実力組織としての特殊性及び事柄の重要性から憲法七二条の規定とは別に、内閣総理大臣に対し新たな権限を創設した規定である、と解する説である。総帥権創設規定説の提唱者である宮崎弘毅氏（元陸上幕僚監部法規班長）は次のように説かれる。

> 防衛行動には戦闘による部隊隊員の生命の損失を予期する態様が含まれ、部隊の指揮権行使の命令は隊員の生死に関連するものであり、かつ統率が失敗したならば部隊の敗北による国家防衛の敗滅《ママ》という事態が惹起されるものである。部隊の防衛行動および行動指揮権は、通常の行政事務及び指揮監督権とは、その本質および態様を全く異にするものである[16]。

このような認識を踏まえ、宮崎氏は更に次のように説かれる。

自衛隊法七条は、憲法第七二条に基づく内閣法第六条と同趣旨の規定であり、これを確認した意味にとどまるというのが防衛庁当局の解釈であるが、もしこのような見解であるならば、この条文を自衛隊法に特別に設ける必要はなく、削除すべきものであろう。この条文は、自衛隊の最高指揮監督権（自衛隊の行動についての指揮命令権のみを意味し、自衛隊の管理についての指揮監督権は含まない）を内閣総理大臣によって代表される内閣にその固有の権限として留保した意味の規定である。従って、この条文は、内閣総理大臣が内閣を代表して直接に自衛隊を指揮し得る規定であると解釈すべきである(17)（傍点本稿筆者）。

ここで問題は、傍点を付した箇所、「内閣総理大臣が内閣を代表して直接に自衛隊を指揮し得る規定である」の意味である。論点として次の二点が挙げられる。

第一の論点は、「内閣の首長としての内閣総理大臣と内閣との関係」である。すなわち、内閣の首長としての内閣総理大臣は内閣の意思、閣議の拘束なしに内閣の代表として自衛隊を指揮監督することが可能であるかどうか。

第二の論点は、「内閣総理大臣が……（中略）……直接に自衛隊を指揮し得る」をどのように解するか、である。すなわち、内閣の首長としての内閣総理大臣が主任の大臣を経由させず、直接に自衛隊（の部隊）を指揮監督することが可能であるかどうか。

第一の論点について、本説の提唱者である宮崎氏は、かかる主張を直接示されているわけではないが、本稿筆者はこのように再構成可能であると考える。まず、上記引用した箇所には「内閣総理大臣によって代表される内閣にその固有の権限として留保」との文言がみられ、ここで「固有の権限」の意味が不明であるものの、「内閣に留保」の文言が見られることから、内閣の拘束、閣議の拘束を排除する意味で解されてはいない、と読み取ることが可能である。ところが、他の箇所において次の説明がある。

この条文（自衛隊法七条）は、国会議員の中から国会の議決で指名された文民である内閣総理大臣が、自衛隊の最高権《ママ》を有するという、議院内閣責任制度下における自衛隊に対する「文民統制の原則」に合致することを明示したものである(18)（括弧内本稿筆者）。

ここにおいて「国会議員の中から国会の議決で指名された文民である内閣総理大臣が、自衛隊の最高権を有する」との記述が登場するが、内閣との関係について触れられていない。閣議の拘束等は当然と考えているから、と解する余地もあるが、全体の記述の印象から別の理解が可能であるように思われる。「国会議員の中から国会の議決で指名された文民である内閣総理大臣が」と記述されていることから、統帥権創設規定説の一つの柱は、先にも述べたが、内閣の意思、閣議の拘束なしに内閣の首長としての内閣総理大臣が自衛隊を指揮監督し得る説、と再構成し得る[19]。

では、このような理解は適切なものであろうか。すなわち、内閣の首長としての内閣総理大臣は、法律をもって閣議の拘束等を排除することが可能か。現行憲法が「行政権」の主体を内閣としている憲法六五条のもとにおいては、内閣の首長としての内閣総理大臣といえども、閣議の拘束等を受けず、独裁的に指揮監督権を行使することについてはなし得ない、と解することが適当であろう。したがって、第一の論点については、現行憲法のもとにおいては首肯し得ない。法律をもって憲法を改廃し得ないからである。

第二の論点について。「内閣総理大臣が……（中略）……直接に自衛隊を指揮し得る」の意味をどのように解するか。この点、宮崎氏は、更に次のように所論を展開される。

　この条文（自衛隊法七条）は、内閣法および国家行政組織法にいう行政事務の分担管理に当たらない別個の行政作用であって、自衛隊法に特別法として規定したものである。従って、防衛庁の主任の大臣（総理府又は内閣府の長としての内閣総理大臣）は、内閣総理大臣の指揮権行使については、条約を締結する場合の外務大臣の地位に同じく、その補佐機関である地位に立つものと解釈されるであろう[20]（括弧内及び傍点本稿筆者）。

では、このような理解は適切なものであろうか。現行憲法のもと、法律をもって各府省を分担管理する主任の大臣の権限を排除し、当該権限を内閣の首長としての内閣総理大臣に移管することが可能か。本稿筆者はこれを否定的に解する。

なぜなら現行憲法において内閣の権限は、憲法七三条において規定されている。この規定から、法律をもって主任の大臣の権限を内閣に移管すること、あるいは主任の大臣の権限を独任機関としての内閣総理大臣自身に移管することの双方ともに困難である。憲法七三条柱書きは「内閣は、他の一般行政事務の外、左の事務を行う」とし、それ以外の「行政」については「行政各部」が担任することを予定していると解されるからである（「他の一般行政事務」及び「左の事務」を担任するのは内閣である）。

統帥権創設規定説を肯定するためには、法律をもって内閣総理大臣に対し新たな権限を創設することが可能でなくてはならない。が、上述したように、現行憲法のもとでは法的には不可能と解することが適当であろう。

現行憲法は、内閣を行政権者としている（憲法六五条）。すなわち、憲法六五条は、行政権者を独任機関の内閣総理大臣ではなく合議機関である内閣と定めている。本規定に基づけば、法律をもって内閣総理大臣に閣議の拘束を排除する権限を創設することはできないと解されることとなる。森田寛二教授が説かれるように、現行憲法は内閣が「一般」を行政各部が「各般」をそれぞれ分離して担任することを前提にしていることに留意すべきである。

確かに統帥権創設規定説は、自衛隊の実力組織としての特殊性や国防という事柄の重要性に着目する魅力的な説ではある。しかしながら、現行憲法に照らした時、本説を採ることはできない(21)。

この点政府は次のように説明する。

（自衛隊法）第七条の規定は、憲法第七二条の内閣総理大臣が内閣の首班といたしまして内閣を代表して行政を指揮監督するという規定を第七条のような表現にしましたものでありまして、これによりまして統帥的な権能を与えたという趣旨ではないのであります。現在の憲法に規定したところを別の表現で書き加えたというだけであります(22)（括弧内本稿筆者）。

政府は憲法七二条確認規定説を支持する。先に論じたように、現行憲法の下においては、統帥権創設期定説は維持し得ないものと解すべきであろう。通説、政府見解である憲法七二条確認規定説が妥当である。

なお、これまで触れられたことがないのであるが、一つの興味深い事実を指摘しておきたい。それは、自衛隊法七条は憲法七二条を確認する規定であると言うが、同じく憲法七二条を確認すると言われる内閣法六条と自衛隊法七条の規定振りに相違が見られるのである。比べてみよう。

内閣総理大臣は閣議にかけて決定した方針に基いて、行政各部を指揮監督する（内閣法六条）。

内閣総理大臣は、内閣を代表して自衛隊の最高の指揮監督権を有する（自衛隊法七条）。

内閣法においては「閣議にかけて決定した方針に基いて」とあり、自衛隊法は「内閣を代表して」の表現となっている。また、内閣法六条は「行政各部を指揮監督する」、自衛隊法七条は「自衛隊の最高の指揮監督権を有する」とそれぞれ表現を異にしている。

この点通説は、表現は異なるものの意味内容は同一と解しているようであるが、それではなぜこのような表現の違いを現出させたのか。本当に意味の違いはないのか。今後の検討課題である。

さて、以上から、自衛隊法七条に基づく内閣の首長としての内閣総理大臣の権限は、憲法七二条の規定で定められている内閣の首長としての内閣総理大臣としての権限と同一のものと解することが適当であろう(23)。そのような理解が正しいとするならば、内閣の首長としての内閣総理大臣の防衛省及び自衛隊に対する権限は限定的なものと解さなくてはならない。

六 「省移行」に伴う主任の大臣の変更の意味

以上のように整理できるとすると、防衛省の「省移行」に伴う内閣総理大臣（内閣府の長）から防衛大臣への主任の大臣の変更は大きな意味を持つのではなかろうか。防衛庁が内閣府の一外局であった際には、主任の大臣は内閣府の長である内閣総理大臣であった。つまり、内閣総理大臣は、内閣府の長という立場であるにしても、防衛庁・自衛隊の所掌事務の「最終の責任者」であった。しかしながら、防衛省の「省移行」は、「国の防衛」の、つまり防衛省・自衛隊の所掌事務の「最終の責任者」を防衛大臣に変更したことを意味する。

先に指摘したように『防衛白書』は「省移行」に関し、「内閣の首長であり最高指揮官たる内閣総理大臣によるシビリアン・コントロールの枠組みを維持しつつ」と記述する。形式論理的には『防衛白書』の記述のとおりである。しかし、このような形式論で割り切ってしまって良いのだろうか。

この点に関連し、かつて安田教授は次のように述べられていた。

この問題（「憲法七二条確認規定説」と「統帥権創設規定説」との対立）は、防衛庁が総理府の外局（内閣府の外局）である限り余り重要ではない。内閣総理大臣は、総理府の長（内閣府の長）としては自衛隊に関する主任の大臣であり、そのすべての事項につき、独裁的に防衛庁長官を指揮監督することができるから、内閣の首長としての権限の内容を詮索する実益に乏しい。しかし、仮に防衛庁が省に昇格し、防衛大臣が主任の大臣となった場合には、内閣総理大臣の自衛隊に対する権限を、他の行政各部に対すると同様に扱ってよいかどうかが問題となり、前記の創設説（「統帥権創設規定説」のこと）が改めて検討の対象となるであろう(24)。（括弧内本稿筆者）

防衛庁時代においては主任の大臣としての内閣総理大臣が防衛庁・自衛隊の所掌事務に係る「最終の責任者」であった。安田教授の言葉を借りれば、「独裁的に防衛庁長官を指揮監督することができ」た。しかしながら、防衛省への移行後においては内閣総理大臣は防衛大臣を「独裁的」に指揮監督することはできないのである。

このような点に鑑みれば、防衛省の「省移行」とは、内閣との関係で防衛省の独立性を強化する意味を持つのではなかろうか。形式的には、内閣の首長としての内閣総理大臣の防衛省・自衛隊に対する権限は防衛庁・自衛隊時代と異ならないと言える。しかしながら、内閣の首長としての内閣総理大臣の自衛隊に対する指揮監督権の内実は、実質的には内閣総理大臣が主任の大臣であったからこそ担保し得た側面があるのではなかろうか。

この点に関する懸念が、安田教授の上記「防衛大臣が主任の大臣となった場合には、内閣総理大臣の自衛隊に対する権限を、他の行政各部に対すると同様に扱ってようかどうかが問題となる」との記述にも現れていると言える。

本稿筆者は大石教授の指摘（本稿注(1)参照）に異存はなく、省移行それ自体に反対するものではない。この点は本稿冒頭において述べておいた。しかしながら内閣（総理大臣）の「国の防衛」に関する権限のあり方、その意味については十分に考慮されなくてはならないとも考える。

国の防衛に係る事務を所掌する防衛庁（省）・自衛隊は、「行政各部」であり、森田教授の言葉を借りれば「各般」の位置に置かれていることを意味する。このことは実は「省移行」の前後において変更はないのであるが、防衛庁時代においては、「各般」の事務の「最終の責任者」は主任の大臣である内閣府の長である内閣総理大臣であった。省移行後は、防衛に関する事務の「最終の責任者」は防衛大臣である。この主任の大臣の変更は、公法学的見地に立てば、大きな意味を持つのではなかろうか。

先にも指摘したが現行憲法は、「行政権」を合議機関である内閣に属する（憲法六五条）ものとし、したがって内閣の首長としての内閣総理大臣といえども内閣の意思から独立して判断する主体としては考えられていないことの他、内閣と行政各部に「行政」の所掌あるいは事務をそれぞれに分配している。この点を考慮すれば、内閣総理大臣が防衛庁の主任の大臣であったということは、「国の防衛」に関する事務に関し、主任の大臣としての内閣総理大臣が内閣との関係で「蝶番」の役割を果たしていた、あるいは、そのような役割を果たすことが期待されていた、と考えられるのではなかろうか。「国の防衛」に関し、主任の大臣を内閣総理大臣から防衛大臣へ変更するということは、公法学の見地から、法制上における質的な変更が行われた、と捉えられるのではなかろうか。

七　執政権説と国の防衛

以上の検討に基づけば、防衛庁から防衛省への「省移行」に際しては、「国の防衛」に関する内閣と防衛省との関係の整理が必要であったのではなかろうか。

㈠　防衛省改革会議における議論

この点に関連する現在進行形の動きが本稿執筆時に見られる。具体化は今後の検討を待つことになるが、守屋元事務次官の不祥事や防衛省・自衛隊における情報流出事案などを契機とし、内閣官房に内閣官房長官及び防衛大臣の他、民間の有識者から構成される「防衛省改革会議」[25]が発足（平成一九年一一月一六日）、「報告書」[26]が提出されたのである（平成二〇年七月一五日）。当該「報告書」に基づき、防衛省を中心に改革のための具体的な検討が行われている[27]。

防衛省改革会議は、上記「報告書」において、次のように指摘している。

> 安全保障と防衛の分野については、首相官邸と防衛省の二つが焦点であり、両者の連携によって政策展開がなされる。双方の健全な機能強化が求められる。国会によって選出された内閣総理大臣が、安全保障政策と文民統制の根幹たる主体である。内政・外交にまたがる全体性の中で安全保障戦略を策定し、主要な防衛政策と重大事態への対処を決定できるのは首相官邸のみである。それを完遂するため、首相官邸の安全保障機能は強化されなくてはならない[28]。
>
> 内閣全体の安全保障戦略は、これまで、ほとんど意識的かつ体系的に示されてこなかった。これまで内閣には国防会議、これを引き継いだ安全保障会議が設置されてきたが、危機における決定のための機関としてはともかく、戦略作成に関しては、やや形式的な機関となってきている。防衛省・自衛隊を根本的な意味で適切な文民統制の下に置くた

めには、内閣総理大臣を中心とした官邸が、実質的な我が国の安全保障戦略の策定機関とならなければならない(29)。（傍点本稿筆者）

また、その具体策として、「内閣総理大臣の補佐体制強化」の項目において次のような提言がある。

安全保障政策に関わる内閣総理大臣の補佐体制を充実強化するため、内閣総理大臣に直結し、機動的に内閣総理大臣を補佐する安全保障政策に関して高度の知見を持つアドバイザーを置く。また、内閣官房の外交・安全保障に関するスタッフの体制強化を図るとともに、専門的知識を有する人材や軍事専門家である自衛官の更なる活用を図る(30)。

以上のように防衛省改革会議は、「防衛省・自衛隊を根本的な意味で適切な文民統制の下に置くためには、内閣総理大臣を中心とした官邸が、実質的な安全保障戦略の策定機関」となるべきと指摘する。また、内閣総理大臣の補佐体制の強化に際し、「自衛官の更なる活用を図る」とする提言が注目される。

本稿の問題意識、すなわち、「国の防衛」に関する内閣総理大臣から防衛大臣への主任の大臣の変更の意味に照らせば、同会議の指摘もより重要なものに思える。

二　「行政」概念と執政権説

以下、憲法論における執政権説を補助線として、本件について検討する。その際重要となるのが現行憲法における「行政」概念の理解である。

さて、伝統的公法学において行政は、司法、立法との関係で、控除説のもと理解されてきた。すなわち控除説とは、国家作用中、司法、立法の作用を除いた国家作用を行政と捉える説である。しかしながら、控除説による行政概念の把握では、次に掲げる現行憲法六五条、七二条、七三条で規定している「行政」の内実を理解することはできない。

> 行政権は、内閣に属する。（憲法六五条）
>
> 内閣総理大臣は、内閣を代表して議案を国会に提出し、一般国務及び外交関係について国会に報告し、並びに行政各部を指揮監督する。（憲法七二条）
>
> 内閣は、他の一般行政事務の外、左の事務を行う。（憲法七三条）（各号省略）

控除説では、内閣に属するという「行政権」（六五条）、「一般行政事務」（七三条）あるいは「行政各部」（七二条）において表現されている、それぞれの「行政」の異同を説明できない。

このような控除説の問題性を鋭く認識し、内閣の役割を適切に位置づける見地からの学説の提唱が盛んになっている。執政権説の提唱である（なお、控除説と執政権説との間に、論理的な排他的関係が生じるわけではない）。その中でも、行政学の成果を積極的に取り込み行政概念を詳細に検討され、内閣を「執政権」の主体と捉える執政権説を展開される代表に阪本昌成教授がおられる。また、阪本教授とは別の論理をもって学説を展開され、一種の執政権説に位置づけ可能と思われる森田寛二教授の所論(31)がある。他にも、佐藤幸治教授、大石眞教授など、多くの研究者が執政権説を提唱されるが(32)、ここでは以下、阪本、森田両教授の所論を紹介し、その上で本稿の問題意識である国の防衛に関する内閣と防衛省との関係について若干の指摘を試みたい。

阪本教授次のように説かれる。

内閣をもって、政策を決定する「執政権」の主体である、とみなければならない。そして、内閣のもとに置かれる複数の組織体をもって「行政機関」を称すべきである。内閣は、（ア）国政の大綱・施政方針の決定、（イ）行政運営体制の確立（人事及び組織を含む）、（ウ）公共目的の設定と優先順位の決定、（エ）行政各部の督励と指揮監督、（オ）法律案の策定、予算、政令等の決定、（カ）行政各部の政策や企画の承認、（キ）行政各部の総合調整、（ク）国事行為に対する助言と承認、（ケ）国家的レヴェルの危機管理等等を自ら決定し、各行政機関に実効せしめたり、見直しを求めたるするのである(33)。

また、森田教授は憲法六五条及び同七三条の関係を次のように捉えられる。まず、憲法六五条の「行政権」の内容は、憲法七三条の柱書きの「他の一般行政事務」と「同条各号」から構成されると説かれる(34)。森田教授の所論を本稿筆者なりに図式化すれば次のとおりである。

行政(権)(六五条)＝「一般行政事務」＝「七三条の各号※」＋「他の一般行政事務（七三条柱書き)」

※

1　法律を誠実に執行し、国務を総理すること。
2　外交関係を処理すること。
3　条約を締結すること。但し、事前に、時宜のよっては事後に、国会の承認を経ることを必要とする。
4　法律の定める基準に従い、官吏に関する事務を掌理すること。
5　予算を作成して国会に提出すること。

6　この憲法及び法律の規定を実施するために、政令を制定すること。但し、政令には、特にその法律の委任がある場合を除いては、罰則を設けることができない。
7　大赦、特赦、減刑、刑の執行の免除及び復権を決定すること。

森田教授の立論における重要な点は、憲法七三条柱書きの規定「内閣は、他の一般行政事務の外、左の事務を行う」における「一般行政事務」の解明にある。

特に森田教授は「一般」の意味に着目される。すなわち、「一般行政事務」で言う「一般」とは、「普通」、「どこにでもある」のような意味ではなく、「《全体的要諦》の意味であり、したがって、『一般行政事務』というのは《行政事務の全体的要務》の意味」(35)と森田教授は理解される。その際森田教授は、次のように現行憲法の英訳を重視される。

憲法七三条柱書きは「内閣は、他の一般行政事務の外、左の事務を行ふ」と規定しているが、英訳日本国憲法では、その柱書きにいう「一般行政事務」は general administrative functions となっている。その general であるが、それは原義系統の意味で用いられている。手元の辞書には「『種族（gen)を導く人』が原義」とあり、寺澤芳雄：編『英語語源辞典』には of the whole kind の意のラテン語に由来するとある。

「行政権は、内閣に属する」と定めている憲法六五条の「行政権」は、英訳日本国憲法では、executive power となっているが、その executive は administrative との対比のなかで使用されており、その executive をこの administrative を用いて表記すると、general administrative となる。憲法六五条の executive power は general administrative power の意味である(36)。

森田教授によれば、憲法六五条の「行政権」は executive power の語が、七三条の「一般行政事務」には general administrative functions の語がそれぞれ充てられており、executive power = general administrative power, general administrative functions と解される。単なる administrative ではなく、general administrative と、general の語が冠されていることが重要である。executive = general administrative と解されるのである。

さらに、森田教授は、憲法七三条の各号に規定する「総理する」、「処理する」、「掌理する」等の動詞の違いに着目され、それぞれの動詞は事務の対象に応じ使い分けているとの理解を前提に、内閣の所掌内容（権限）を明確にされる。

憲法七三条柱書きを今一度見ると、「内閣は、他の一般行政事務の外、左の事務を行う」と規定している。

ここで注目すべきは、「内閣は……（中略）……行う」とあるが、事務の内容に応じ「行う」方法（権限）を異にする、という点である。上述のように「総理する」、「処理する」、「掌理する」など、表現が異なっており、森田教授は厳密に区別する必要がある、と説かれる。

以上、森田教授の所論をまとめて表にすれば、次頁のとおりである。

森田教授の所論に基づけば、内閣の所掌の遂行方法、すなわち内閣が事務を「行う」にあたっては各種の相違が認められる。例えば「国務」は「総理する」、「外交」は「処理する」のであり、「官吏に関する事務」は「掌理する」、である(37)。森田教授に従い「国務を総理する」について解釈論を展開すれば、「国務」を「所掌する」のは行政各部であり、その前提において内閣が「総理する」のである。つまり内閣が「総理する」ためには国務を「所掌する」行政機関が別に必要となる。

このような点を踏まえれば、現行憲法下において、仮に「国の防衛」に関する事務が「一般行政事務」に該当する場合には、内閣自身が「行う」必要がある。つまり、仮に「国の防衛」に係る事務（所掌）のすべてを行政各部に担任させることは違憲となる可能性も生じる。したがって、内閣の所掌である「一般行政事務」に「国の防衛」に係る事務が該当するのであれば、内閣がこれを「行う」ための法的仕組みが必要となる。

この点『防衛白書』に次のような記述が見られる。

内閣の事務 ＝ 行政（権） （六五条）	一般行政事務	国務	総理する
		外交	処理する
		条約	締結する
		官吏に関する事務	掌理する
		予算	作成し、国会に提出する
		政令	制定する
		大赦等	決定する
		他の一般行政事務	（行う）

国の防衛に関する事務は、一般行政事務として、内閣の行政権に完全に属しており……（以下略）……[38]

ここで「完全に属しており」を如何に解するか問題ではあるが、「国の防衛」に係る事務は、現行の実定制度上、基本的には「各般」である防衛省・自衛隊に配分していると理解されるところ（この点は先に論じたように、「省移行」によって、より明確になったように思われる）、内閣自身が一般行政事務として「国の防衛」に係る事務を遂行するための法的仕組みはどのように整備されているのであろうか。

自衛隊法七条の規定を設けている他、自衛隊法において内閣の首長としての内閣総理大臣に対し、「防衛出動（七六条）」、「命令による治安出動（七八条）」、「自衛隊の施設等の警護出動（八一条の二）」などの行動に係る発令権限を付与するとともに、安全保障会議を内閣に置き、内閣を補佐せしめている。

ただし、「防衛省改革会議」が「官邸」の強化の必要性を指摘したことは先に紹介した。この指摘は「国の防衛」に関し、官邸、すなわち内閣の補助機関の強化が必要である、という意味に解される。上述のように内閣総理大臣は自衛隊法上、自衛隊の重要な行動についてその発令権限を保持しているのであるが、当該発令に際し、内閣（総理大臣）を補佐する補助機関の体制のあり方について検討を促すものと言えるであろう。

さて、以上の検討を踏まえ、両教授の所論と本稿の問題意識を関係付けると次のように整理できる。

まず、阪本教授の所論のうち、特に(ケ)の「国家的レヴェルの危機管理等を自ら決定」することが内閣の所掌である、という点が注目される。「あたりまえ」、との声も聞こえそうだが、事はそう単純ではない。内閣の所掌とはいっても国務大臣の合議機関である内閣のみでかかる事項を「決定」することは困難であり、問題はそのための補佐のあり方が十分か、という点にある。また、内閣と行政各部との関係に目を転じれば、阪本教授は、（エ）行政各部の督励と指揮監督、（カ）行政各部の政策や企画の承認、（キ）行政各部の総合調整について、内閣の所管事項と指摘されている。

これらについて、内閣自身が実効的に各種判断等を実施するためには、適切な補助機関が必要である。この点内閣の補佐体制について、検討が必要であろう。

内閣は行政権、すなわち「執政権」あるいは「行政事務の全体的要務」を実施する主体と捉えられ、すなわち、森田教授の用語を使用すれば内閣は「一般」を、行政各部は「各般」をそれぞれ担任するところ、そもそも「国の防衛」に関する事務は、「行政事務の全体的要務」、「執政」にあたらないであろうか、との視点からの検討が必要であろう。ただし、「国の防衛」に係る事務の全てが「執政」あるいは「行政事務の全体的要務」ではないであろうから、この点について留意する必要があり、かつて次のように論じたことがある。

執政権説を肯定しても当該執政に防衛作用を読み込むことができないとすれば、次に「行政各部」の事務に防衛作用を読み込むことが可能か否かが論点となる。が、その場合、防衛作用を読み込まない執政とは何か、という疑問が生じるであろう。ただし、防衛に係る事務が全て執政ではないであろうから、防衛作用の内実を如何に理解するかについても検討されなければならない(39)。

さて、執政権説と先に紹介した「防衛省改革会議」の提言は整合性を有するものと思われる。防衛省改革会議は、「防衛省・自衛隊を根本的な意味で適切な文民統制の下に置くためには、内閣総理大臣を中心とした官邸が、実質的な我が国の安全保障戦略の策定機関とならなければならない」と述べているのである。これは、「国の防衛」を基本的に「各般」に任じる防衛省・自衛隊のみに任せることは適切ではない、との指摘とも捉えることが可能であるとともに、内閣及びその補助機関の役割の重要性を示唆している。

また、執政権説に基づけば(40)、そもそも執政（森田教授の用語を借りれば「行政事務の全体的要務」）は内閣自らが担任しなくてはならない。憲法の要請だからである。国の防衛（を含む安全保障全般）に係る事務が執政であるならば、憲法論からの要請としても、内閣（官邸）の機能強化について検討が必要であろう。

八　むすび

以上、主として公法学的見地、すなわち内閣と行政各部との関係から防衛省の「省移行」に伴う主任の大臣の変更の意味について検討するとともに、昨今有力に唱えられている憲法論上の執政権説及び「防衛省改革会議」の提言を踏まえ、「行政」を担う各機関間の（所掌）事務の分配に係る検討の必要性について問題提起を行った。本稿筆者は、事務の分配に関し、かつて次のように述べたことがある。

立法論として言えば、防衛に係る事務を「内閣（執政）」と「行政各部」に分配し、それぞれの事務（あるいは事務の補佐）を遂行する機関を別に設けることも考えられる。例えばフランスにおいては、首相の補佐機関として文官、武官あわせて七〇〇名規模の「国防事務総局」が、他に軍に関する事務を所管する「軍隊大臣（国防大臣）」が置かれているという(41)。

「防衛省改革会議」が「官邸」の機能強化の必要性を指摘していることについては先に紹介した。いずれにせよ、「国の防衛」に関する事務の配分のあり方は、公法学にとって重要な検討課題であるとともに、仮に憲法改正があるとすれば、改正論の一環として詳細な検討を加えるべきテーマである、ということを指摘しておきたい(42)。

また、これまで検討を加えた本稿のテーマを考える上で、次の加藤友三郎提督の言葉を想起することは無駄ではあるまい。加藤提督の言葉は、現在においても妥当すると思われるからである。

國防ハ軍人ノ専有物ニ非ズ 戦争モ亦軍人ノミニテ為シ得ベキモノニ在ラズ(43)

現行憲法下においても、防衛省・自衛隊のみで国の防衛を遂行することはできないことを率直に認識する必要がある。その上で国の防衛に係る統治機構を如何に構成すべきかについては、例えば本稿で分析を試みた内閣と行政各部間の所管事項の配分や関係各機関が真に機能するか否か等を十分に検討し、検討結果に応じた制度、組織の変更あるいは創設を適切に行う必要があろう(44)。

（平成二一年六月四日脱稿）

（追記）

平成二一年一〇月一三日、防衛省は、防衛省改革に係る平成二二年度概算要求を行わないこととし、更に防衛省改革それ自体をも白紙に戻すこととした。また、同日付で、防衛省内に設置されていた「防衛省改革本部」の設置を解いた（本稿注(27)参照）。

（1）「(座談会）行政改革の理念とこれから」ジュリスト第一一六一号（一九九九年）二一頁における大石眞教授の発言。

（2）拙稿「防衛法制論のあり方に関する若干の考察」防衛法研究第三〇号（二〇〇六年）九九頁注(43)【本書一二四頁】。

（3）塩田潮「防衛省大研究」諸君（二〇〇九年一月号）一三三頁。石破元防衛大臣のこの発言は本稿全体の問題意識と通底するものがある。ただし、塩田氏の記述からでは必ずしも石破元防衛大臣自身がそのように解されているかどうか判然とはしないが、「防衛庁が省になっても、中身は何も変わらない」と言い得るかどうかについては、「中身」の概念次第であるものの、文字通りに解するとすれば問題ではなかろうか。本稿において論じるように、内閣総理大臣から防衛大臣への主任の大臣の変更の意味をどのように考えるかによって評価が変わるのではなかろうか。なお、石破議員の発言とされている上記塩田氏の記述において、内閣府と他省庁との関係に関し「国家行政組織法」の語が用いられているが、これを普通名詞的に使用するのであれば適と評し得るであろうが、固有名詞として使用するのであれば「内閣府設置法」を用いるのが適当である。

（4）『平成一九年度版防衛白書』一四三頁。
（5）前掲注（4）一五〇頁。
（6）前掲注（4）一四五頁。
（7）前掲注（1）参照。
（8）前掲注（4）三九九頁。
（9）前掲注（4）三九九頁。
（10）現行憲法下、「行政各部」には「内閣の統轄の下における『行政各部』」と「内閣の所轄の下における『行政各部』」の二種がある。森田寛二『行政機関と内閣府』（良書普及会・二〇〇〇年）一七～一八頁、同『行政改革の違憲性』（信山社・二〇〇二年）八七～九五頁参照。なお、森田教授は、この場合の「統轄」と「所轄」では概念が異なることを緻密に論証されている。
（11）佐藤功『行政組織法（新版・増補）』（有斐閣・一九八五年）三〇〇頁。
（12）森田・前掲注（10）『行政改革の違憲性』一二～一三頁。
（13）森田・前掲注（10）『行政改革の違憲性』一三頁。
（14）前掲注（4）一六〇頁。
（15）安田寛『防衛法概論』（オリエント書房・一九七九年）六一～六四頁、松浦一夫「わが国の防衛法

制における『立憲主義』の欠落？．」比較憲法学研究第八号（一九九六年）一二七～一四四頁、西修他『日本の安全保障法制』（内外出版・二〇〇一年）一二四～一二八頁、小針司『防衛法概観』（信山社・二〇〇二年）一三三～一三七頁参照。

(16) 宮崎弘毅「防衛二法と自衛隊の指揮監督権」國防第二六巻六号（一九七七年）一〇四頁。

(17) 宮崎・前掲注（16）一〇五頁。

(18) 宮崎・前掲注（16）一〇五頁。

(19) 宮崎氏は自衛隊法七条の規定について、閣議拘束を排除する規定と解されているとする本稿筆者の理解と同様の理解を松浦教授も次のように示される。「内閣総理大臣が、内閣を代表してではあるが、内閣法六条の適用を受けることなく（すなわち閣議にかけた決定に拘束されずに）直接に長官以下自衛隊に部隊行動命令を発することができる説（括弧内原著者）」と。松浦・前掲注（15）一三一頁。

(20) 松浦・前掲注（15）一〇五頁。

(21) 統帥権創設規定説の合憲性の論理に次のようなものがあり得るが、本稿筆者は現時点においてそのような論理に従うことはできない。

そもそも現行憲法典は、防衛事項に関する事務の分配については何らの決定もしておらず、その意味で憲法典に欠缺が認められることから、当該欠缺について、国会が立法権を行使し、法律をもって憲法七二条の規定にかかわらず新たに自衛隊に対する指揮監督権を内閣総理大臣に設定する、という論理である。また、「不文の法源としての国家」【本書第Ⅴ論文参照】を根拠として、あるいはその要請として、国会が立法権を行使するとの論理があり得るかもしれない。しかしながら、「不文の法源としての国家」を根拠とする立法や、憲法典の欠缺を法律で補充することについては慎重でなくてはならず、そのような欠缺補充は、その真実態は「憲法簒奪」であると解される。「不文の法源としての国家」の要請、あるいは憲法典の欠缺が認められ、かつ憲法典改正に時間的余裕がある場合、憲法改正に尽力することが国会の役割ではなかろうか。なお、「憲法簒奪」については新正幸「憲法の欠缺と憲法改正のけじめ・けじめの欠如と憲法簒奪」比較憲法学研究第八号（一九九六年）一〇～二七頁参照。また拙稿・前掲注（2）九八頁注（33）参照【本書一一三頁】

(22) 内閣委員会（昭和二九年四月一二日）加藤陽三政府委員答弁。

(23) このような本稿筆者も与する通説的理解に対し、小針司教授は一種の憲法政策論の見地から次のように批判される。「（自衛隊に対する指揮監督の問題を）単に行政各部一般に対する指揮監督の問題に解消させてしまうには、余りに事柄が重大過ぎるように思われる」（括弧内本稿筆者）と。小針司『文民統制の憲法学的研究』（信山社・一九九〇年）二四三頁。

(24) 安田・前掲注（15）六四頁。また、青井准教授は「法案（「省移行」にかかる防衛二法改正案）は政府の防衛政策の基本を替えるものではないと説明されているが、本当にそうなのであろうか」（括弧内本稿筆者）と疑問を呈されている。青井未帆「防衛省昇格問題と憲法九条」憲法理論研究会編『憲法の変動と改憲問題』（敬文堂・二〇〇七年）二六頁。

(25) 構成メンバーは次のとおり。五百旗頭眞（防衛大学校長）、小島明（社団法人日本経済研究センター会長）、佐藤謙（財団法人世界平和研究所副会長、元防衛事務次官）、竹河内捷二（株式会社日本航空インターナショナル常勤顧問、元統合幕僚会議議長）、田中明彦（東京大学大学院情報学環教授）、御厨貴（東京大学先端科学技術研究センター教授）、南直哉（防衛省改革会議座長、東京電力株式会社顧問）。本稿で論じるように、防衛省・自衛隊のあり方を考えるためには憲法学、行政法学の知見は必須であり、このような会議メンバーには公法学者の参加が望まれるのではなかろうか。防衛省・自衛隊の大きな改革は、その役割の重要性から国の統治機構の大きな変更であり得る。そして統治機構の変更には公法学の知見が不可欠である。これまで防衛省・自衛隊に関わる大きな改革、例えば本稿で検討としている「省移行」を含め、いわゆる有事法制の整備等については、防衛省（庁）内部部局を含めた官僚主導で実施されてきた。が、今後このような検討がなされる際には専門的知見の活用及び政策（法案）の透明性確保の観点から、公法学界の知見を活用することを考えるべきではなかろうか。第二次橋本内閣時代の行革会議に憲法学者の佐藤幸治、行政法学者の藤田宙靖（前最高裁判事）の両教授が参画され、重要な役割を果たされたことが想起される。佐藤幸治『日本国憲法と「法の支配」』（有斐閣・二〇〇二年）一九一～二〇八頁、藤田宙靖『行政法の基礎理論　下巻』（有斐閣・二〇〇五年）一〇九～一五七頁参照。

(26)　防衛省改革会議「報告書――不祥事の分析と改革の方向性――」（二〇．七．一五）

(27)　防衛省は防衛省改革会議の「報告書」を受け、「防衛省改革本部」を設置し（「防衛省改革本部の設置に関する訓令」防衛省訓令第四四号二〇．七．一七）、平成二〇年八月二六日、「防衛省における組織改革に関する基本方針」、「防衛省改革の実現に向けての実施計画について」等を公表している。なお、防衛省改革本部は、大臣、副大臣、政務官、事務次官、官房長、防衛政策局長、統合幕僚長、陸上幕僚長、海上幕僚長、航空幕僚長などで構成されている。

(28)　防衛省改革会議・前掲注（26）五頁。なお、本報告書において「首相官邸」あるいは「官邸」の語が用いられるが、これら用語を公法学上如何に概念構成するか、課題である。例えば、内閣及びその補助機関の総称として観念することが一応可能であると考えられるが、ここではさしあたり一般的な使用法を重んじ、内閣官房を中心とした内閣の補助機関の意味で理解し、論を進めることとする。

(29)　防衛省改革会議・前掲注（26）四一頁。なお、二〇〇七年四月、いわゆる日本版ＮＳＣの設置をねらいとする安全保障会議設置法の改正案が国会に提出されたが二〇〇八年一月廃案となった。この日本版ＮＳＣの設置と本「報告書」における官邸強化のねらいは同一のものといえるであろう。なお、日本版ＮＳＣは、「国家安全保障に関する官邸機能強化会議」における審議に基づき作成された「報告書（国家安全保障に関する官邸機能強化会議・平成一九年二月二七日）」によるものである。当該会議のメンバーは次のとおり。安倍晋三（議長、内閣総理大臣）、相原宏徳（トランスキュー・テクノロジーズ（株）取締役会長）、石原信雄（地方自治研究機構会長）、岡崎久彦（岡崎研究所所長）、小川和久（軍事アナリスト）、北岡伸一（東京大学教授）、小池百合子（内閣総理大臣補佐官（国家安全保障問題担当）（議長代理））、佐々淳行（元内閣安全保障室長）、佐藤謙（世界平和研究所副会長、元防衛事務次官）、塩川正十郎（元内閣官房長官）、塩崎恭久（内閣官房長官）、先崎一（日本生命特別顧問、元統合幕僚長）、森本敏（拓殖大学海外事情研究所所長）、柳井俊二（国際海洋法裁判所判事、元駐米大使）

(30) 防衛省改革会議・前掲注（26）四三頁。

(31) 本稿筆者はかつて「森田教授の所論と執政権説との親和性等の有無等については今後の検討課題としたい」（拙稿・前掲注（2）九八頁注（28）【本書一二〇頁】）と述べたが、現時点、森田教授の所論は一種の執政権説であると解する。

(32) 佐藤・前掲注（25）二〇九〜二四一頁、大石眞『憲法講義Ⅰ（第二版）』（有斐閣・二〇〇九年）一七九頁参照。

(33) 阪本昌成「議院内閣制における執政・行政・業務」佐藤幸治・初宿正典・大石眞編『憲法五十年の展望Ⅰ』（有斐閣・一九九八年）二六一頁。

(34) 森田・前掲注（10）『行政機関と内閣府』三四〜三五頁、森田・前掲注（10）『行政改革の違憲性』三〜四頁参照。

(35) 森田・前掲注（10）『行政機関と内閣府』八九〜九〇頁、森田・前掲注（10）『行政改革の違憲性』一〜五頁参照。

(36) 森田・前掲注（10）『行政改革の違憲性』二頁。

(37) 森田・前掲注（10）『行政機関と内閣府』二二～二四頁、二七～三〇頁参照。

(38) 前掲注（4）九五頁。本引用文と前掲注（4）で引用した文との整合性の有無については検討の余地があろう。すなわち、前掲注（4）で引用した文には「『国の防衛』の主任の大臣」と記述され、他方、本引用文では「国の防衛に関する事務は……（中略）……内閣の行政権に完全に属しており」とある。「国の防衛」が主任の大臣の所管事項なのか、内閣の所管事項なのか不分明な表現となっているのではなかろうか。なお、「国の防衛」（正確にはその一部の重要な事項）が内閣の所管事項である「一般行政事務」と解された場合においても、「国の防衛」を「他の一般行政事務」と捉えるべきか、あるいは「国務を総理する」一環としての作用と解するか、又は双方の作用と解すべきか、さらにはどちらの解釈も成立するとして、新たな制度を構築しようとする場合、制度設計上どちらの考えに基づくべきか等、憲法論上、種々の論点が認め得る。

(39) 拙稿・前掲注（2）八二頁【本書九四頁】。

(40) 本稿筆者は執政権説を支持するところ、執政権説否定論の現行憲法解釈論上の問題性については、今後別に論じたいと考えている。執政権説否定論としては、さしあたり毛利透「行政権の概念」小山剛・駒村圭吾編『論点探求憲法』（弘文堂・二〇〇五年）二九三～三〇二頁参照。

(41) 拙稿・前掲注（2）九九頁注（43）【本書一二四頁】。

(42) 平成一七年一一月二二日に発表された自由民主党の「新憲法草案」（http://www.jimin.jp/jimin/shin_kenpou/shiryou/pdf/051122_a.pdf）は意義あるものと認識するが、残念なことに国の防衛に係る事務（所掌）の配分について検討された形跡がない。国の防衛に関する機関間の所管事項の配分については、「内閣」、「行政各部」間のあり方の他、「行政」、「国会」間のあり方が課題となる。本稿は前者についついて、拙稿・前掲注（2）は後者について、それぞれその一端を論じたものである。また、「軍法会議」の要否等については、「司法権（の独立）」との関係を整理する必要があるものと思われる。なお、自民党の「新憲法草案」については、田村重信『新憲法はこうなる』（講談社・二〇〇六年）参照。

（43）　加藤提督のこの言葉は、ワシントン会議（一九二一年）の最中、随行していた部下の堀悌吉中佐（後の中将）に対し、海軍省宛伝言として口述筆記させたものと伝えられている。

（44）　次の高木惣吉提督の言葉にも重みがある。「ただ、過去の教訓とか政治の実際に照らしてみてどうしても見逃せないのは、例えば国防会議があり或は統幕があって制度や機構が定められていても、実際に戦争を指導する場合には自ら進んで難局に当う《ママ》、これと取組んで解決を図るという熱意と能力のある人に結局問題なり権力が集って行く、ということである。……（中略）……昔の欠点を述べるのであるが、昔の海軍はイニシアティブを取ることを億劫がった。それは陸軍が非常に強過ぎたということもあるけれども、陸軍の原案が出て来ると『反対しても押し切られる』と思うと反対するのを止めて嫌々ながらそれに賛成したり、或は一寸テニオハを直して五度か十度位方向を僅かに変えてみるという、小手先の細工が多かった。しかし、国際緊張が非常に機微な場合には、丁度太平洋戦争の直前にあったようにとに角総理に一任しますというような曖昧な態度は、今後出してはならないと思うのである。政治上の責任或は国民の非難というものを恐れる立場からは、小手先の細工は小利口に見えるのであるが、これは後世の歴史の厳しい批判を受けなければならない。昔のわれわれの先輩にも多くの美点があり、それは無論継承しなければならないが、このようなどちらかと言えば日和見主義で小手先の業を使い、決着をつけるべき時にも激突をさける欠点は、将来是非精算して頂きたいと思う」と。海上自衛隊幹部学校編『高木少将講話集』（非売品）二五四〜二五五頁。本講話集は、戦後海上自衛隊幹部学校で行われた高木提督による講話を収録したものであるが、入手困難なこともあり、煩を厭わず引用することとした。

Ⅱ 防衛法制論のあり方に関する若干の考察

――一つの問題提起として――

平和がどれだけ困難なものであるか、一度、平和そのものの根拠にまで掘り下げて根本的に疑って出直さないと非常にあぶないのである。旅先で外国人から戦争抛棄を褒められて悦に入っているなど問題外の醜態である。

森有正『遙かなノートルダム』

一　はじめに

「防衛作用」と「警察作用」の異同、特にその規制法理については過去に検討を行ったことがある(1)。防衛法制検討のあり方の不十分性を感じたことが拙稿執筆の動機であった。防衛作用の法的性質、特質を踏まえた上での法制のあり方、法理検討の不十分性が気になったのである。

確かに、ここ数年に発生した安全保障上の諸事案の発生(2)に伴うかのように、冷戦構造下、五五年体制時代には考えられないような、安全保障にかかる法整備(3)が次々になされたことは事実であり、これまで以上に危機管理の仕組みが整いつつある、とは評し得る。しかしながら、武力攻撃事態対処関連三法や事態対処法制関連七法の整備に際して、防衛作用の法的性質及びその特質を踏まえたその法制度上の位置づけ、更には防衛作用と警察作用との異同についての探求等、法理上の検討が十分であったかというと、必ずしもそうではないのではないか、との疑問が残った(4)。

あるべき防衛法制を考える一助として、そもそも「防衛作用の法的性質、その特質とは何か」について検討する必要があると考え、「防衛作用の法的性質を警察作用との比較で明確にする」目的で執筆したものが、拙稿「『領域警備』に関する若干の考察」【本書第Ⅳ論文】である。副題を「防衛作用と警察作用の区別に関する一試論」とした所以である。現在においても防衛法制を考える上での中心課題は、防衛作用の性質、特質を把握にすることにあると考える。これを明らかにし、我が国現行防衛法制の姿を客観視した上で、今後のあるべき防衛法制を目指す必要があると思われる。

本稿は、拙稿「『領域警備』に関する若干の考察」に引き続き、実力の行使という点では同一性を有する防衛作用と警察作用の異同、根拠、規制法理等について、あらためて検討するものである。その際、防衛作用と警察作用の異同等を考察する上で注目されるべき議論であると思われる防衛作用の特質を「ネガ・リスト」、警察作用の特質を「ポジ・リスト」と捉える主張に関し、公法学の視点からそれがどのような主張内容なのか、更には該当主張の妥当性等について明らかにしたいと思う。特に防衛作用にあたるという点では同一性を有する「自衛隊」と「他国の軍隊」それぞれの作用を根拠付ける法規範（法制度）の構成のあり方の違いを浮き彫りにしたい。その際、現行の我が国防衛法制のあり方あるいは考え方に対し、試論の域を出るものではないが、近時有力に唱えられている内閣を執政の主体と捉える執政権説に依拠することにより、内閣と国会間の所管配分について問題提起することとしたい。結果、ささやかではあるが、あるべき防衛法制に関する検討方法の一端を提供できるのではないかと考える。

なお、本稿で使用する防衛作用、警察作用の語は、基本的には防衛作用とは国の防衛（自衛）に際しての武力の行使をはじめとするその他の対外的行為（なお、防衛出動時における物資の収容等（自衛隊法一〇三条）は国民の権利を制約するものであるから防衛作用とは考えない）、警察作用とは警察官職務執行法で規定されている各種の警察権限行使をそれぞれ念頭においていることをお断りしておきたい。

二　注目すべき防衛作用、警察作用に関する議論

本章においては、防衛作用の特質を「ネガ・リスト」、警察作用の特質を「ポジ・リスト」と捉える主張について検討する。この所論の展開はコロンビア大使、チリ大使等を歴任された色摩力夫教授のものが嚆矢であると思われる。そしておそらく色摩教授の所論を参考にされたと推測されるが、国会においても「ネガ・リスト」、「ポジ・リスト」の語を用いての防衛作用と警察作用の異同が論じられている。色摩教授の所論は公法学の分野においても注目されるべきであろう。

そこで、色摩教授の所論及びその影響を受けた百地章教授の所論、さらには国会での議論

を紹介した後、これらを分析検討することとしたい。

一　色摩教授の「ネガ・リスト」・「ポジ・リスト」論

色摩教授の所論をここでは「ネガ・リスト」「ポジ・リスト」論と呼びたいと思う。なお、ここで「ポジ」、「ネガ」とは、それぞれ「ポジティブ」、「ネガティブ」を意味する。

聞き慣れない用語であることから、どのような意味で使用されているのかにつき、以下色摩教授の所論を見てみたい。

「軍隊」の権限は、「ネガ・リスト」方式で規定されます。ネガ・リストというのは、これだけはしてはいけない、これは禁止されているという項目が列挙されたものです。つまり、「原則自由」、「原則無制限」であって、例外的に制限されることがあるという考え方です。そして、この場合、制限とか禁止にあたる制限的な否定項目は、主として国際法による規制です(5)。

他方「警察」の権限は「ポジ・リスト」方式によって規制されています。ポジ・リストとは、してよいこと、しなければならないことを列挙されたリストです。つまり、「原則制限」の考え方です。民主主義国家では、特にそうです。軍隊の作用は原則として国民に直接向けられることはありませんが、警察の作用は正に国民に向けられます。国民たるもの、警察というかたちの公権力にむやみに規制されてはたまりません。警察の権限は、国内法によって厳格に制限し規制しておくべきものです。つまり、法律によって明示的に具体的に与えられた権限の範囲外の活動は、厳重に禁止されているのです(6)。「警察」は、その国家の領域内に所在する人に対して向けられています。専ら国内法によって規制されるべきものです。その活動の目的は、治安の維持であり、国内法の執行です(7)。

国家の防衛という機能が向けられるのは、国家です。つまり、外国に対してです。国内の国民ではありません。従って、軍隊のこのような活動、機能、作用を法的に規制するのは、専ら、国際法ということになります(8)。

軍隊と警察との本質的差異のポイントの一つに、それぞれの権限乃至活動の規定の仕方の相違があります。軍隊は原則無制限、つまりその活動は自由ですが、主として国際法による制限的な禁止項目があります。つまり、これだけはいけないという「ネガ・リスト」方式の規制です。警察は、一般国民に対する権限の乱用を厳格に防止するために、原則制限であって、その活動は比例の原則に従って明示的に限定されます。つまり、これしかすることができないという「ポジ・リスト」方式で規制されています。警察は、法律によって具体的に且つ明示的に許されている活動しかできません(9)。

（二）百地教授の所論

百地章教諭はその著『憲法の常識 常識の憲法』の中で、色摩教授の上記所論を肯定的に捉えられ、次のように論じられる（色摩教授の所論を肯定的に取り上げた公法学者は管見では百地教授が初めてである）。

もし自衛隊が法制度上軍隊であれば、領海を侵犯した軍艦や潜水艦に対しては国際法規および国際慣例に従って警告を発し、もし相手方がその警告に従わなければ、警告射撃等の武力行使を行うことが可能である。また場合によっては、相手側船舶を撃沈することもできる。さらに領土主権を侵犯した武装ゲリラに対しても、国際法に従って武力行使を行い、相手側を殲滅することも許される。ところが、現在の自衛隊はあくまでも軍隊でないとされているから、ポジティブ・リスト方式を採用している。そのため防衛出動以外の場合には、たとえ相手が外国の軍艦や武装ゲリラであっても、自衛隊法に根拠規定がない以上、「武力行使」はできない。できるのはあくまでも警察と同じ「武器使用」だけである(10)。

（三）国会での議論

次に、国会においても、色摩教授の「ネガ・リスト」・「ポジ・リスト」論の影響を受けたと思われる発言がある。次の発言は、衆議院議員、元防衛庁長官の石破茂氏が、国会において発言されたものである。

実力組織として軍隊というものがある、警察というものがある、どちらも国家が持っておる実力組織ですよ。では、軍と警察、これは何が違うのだろう。大臣御案内のとおり、自衛隊法というのは警察予備隊令がベースですから、それが保安庁法になり、そして自衛隊法になっている。これはポジとネガがひっくり返っているのですよね。自衛隊法は何々をしてよい、何々してよい、それ以外のことは一切やってはいかぬ、こうゆうお話でしょう。本来、軍というのは、ネガリストで法律は書かれなければいけない、そういうもののはずなのです(11)。

私どもの自衛隊法の書き方というのはポジリストになっておりますから、あれもできる、これもできるという、できることが列挙している。しかし、基本的に軍隊の法制というのはネガリストであって、やってはいけないことが書いてあって、それ以外はやってもいい。そういう問題も私はあるのだろうと思っています(12)。

三 「ネガ・リスト」・「ポジ・リスト」論の分析視角

以上、防衛作用・警察作用論である「ネガ・リスト」・「ポジ・リスト」論を紹介したが、これらの主張については次のような指摘が可能であると思われる。すなわち、防衛作用と警察作用の違いを「ポジ・リスト」、「ネガ・リスト」という概念で区別する議論においては、二つの異なる議論が混在しているということである。第一には、「防衛作用、警察作用それぞれの作用に対する規制法理」に関する議論、第二には、「我が国防衛法制、とりわけ自衛隊法の全体構造のあり方」に関する議論、という二つの異なる議論である。

色摩教授、百地教授の所論は、前者の議論、主として防衛作用、警察作用それぞれの作用に対する規制法理に着目する「ネガ・リスト」・「ポジ・リスト」論、すなわち、警察作用は国内法上の「警察比例の原則」に拘束されるが、しかしながら、防衛作用は国内法の規制はなく国際法が禁止している事項を除き「武力の行使」が可能である、ということを主張するものである。他方、国会における石破茂氏の発言は後者の議論、「自衛隊法の全体構造のあり方」を論じていると思われる。すなわち、石破氏の国会での発言は、国内法上の警察比例の原則の適用の有無を中心とする防衛（警察）作用の規制のあり方を問題としているというよりは、軍隊あるいは自衛隊の各種活動、任務（自衛隊法上は「行動」）の根拠付けのあり方を問題としている、と言える。

この二つの議論は、さしあたりレベルを異にする議論であると捉えられる。つまり、「ネガ・リスト」・「ポジ・リスト」論（以下「ネガ・ポジ論」という。）には大きく二つの類型があると言える。

そこで次に、色摩教授、百地教授の「ネガ・ポジ論」を「作用規制論としてのネガ・ポジ論」、石破氏の「ネガ・ポジ論」を「自衛隊法の全体構造論としてのネガ・ポジ論」と称し、それぞれ検討してみたい。

四　作用規制論としてのネガ・ポジ論

「作用規制論としてのネガ・ポジ論」とは、防衛作用と警察作用のそれぞれの作用に対する規制のあり方を論点とするものである。

先に紹介したように、色摩教授は「警察は…（中略）…比例の原則に従」うのではあるが、他方「軍隊は…（中略）…主として国際法による制限的な禁止項目があり…（中略）…これだけはいけないという『ネガ・リスト』方式の規制」（本稿注(9)参照）があると述べられる。すなわち、警察作用においては国内法上（憲法の要請として）の警察比例の原則の適用を受けるが、一般に防衛作用に任じる軍隊の活動に際しての規制規範は国際法であることから国内法上の警察比例の原則の適用はない、その規制法理は国際法に基づく、と。

したがって、ここで論じる「作用規制論としてのネガ・ポジ論」の検討のポイントは、「警察作用は警察比例の原則を受けるが、他方防衛作用には警察比例の原則の適用がない」、という命題の適否の検討である。警察比例原則の適用の有無を分ける基準の検討である。

結論を先取りすれば、警察作用には警察比例の原則の適用があり、他方防衛作用には国内法上の要請としての警察比例の原則の適用はない、という命題は正しいものであると思われる。そして、この点については拙稿「領域警備に関する若干の考察」【本書第Ⅳ論文】でも主張したところでもある。どのような論理で本命題が適当であると言えるのか。

議論の出発点は、そもそも警察比例の原則の適用の要請は、何に由来するのか、という点の検討である。つまり、警察比例の原則の根拠如何の問題そして当該根拠の妥当範囲が警察比例原則の適用有無の基準であると考えられる。

一　警察比例原則の適用根拠

そこで警察比例原則の根拠、法源に関する学説状況を確認したいと思う。

わが国における学説は、次の三説に大別できる(13)。

① 行政上の法の一般原則として理解する立場

② 日本国憲法一三条に根拠を有する行政条理法として理解する立場

③ 「人権の最大限の尊重原理」として日本国憲法一三条に実定化された憲法原則として理解する立場

結論を言えば③説が妥当であろう。まず①説の問題点としては、警察作用に対する警察比例の原則の適用を否定する実定法の定めを許容するおそれがあり、それは結局警察比例の原則の適用を相対化してしまうことになること、②説の問題点としては、憲法一三条を根拠にするのであればそもそも条理法と言い換える必要はないと思われることなど、①、②説には理論上問題があるように思われる。他方③説は、警察比例の原則は憲法を根拠とする実定法上の要請として捉えられ、仮に警察比例の原則違反があった場合には、憲法違反として評価することが可能となり、法的実効性を担保し得るものでもあり、①、②説に比し優れた学説である。したがって③説が妥当である。

警察比例の原則の根拠を憲法一三条に求められるとすると、次に問題となるのはその適用範囲である。

「作用規制論としてのネガ・ポジ論」は警察作用には警察比例の原則の適用があり、他方防衛作用には警察比例の原則の適用はない、と主張するものであるが、この主張の正しさは、憲法一三条の適用範囲を考察し、防衛作用には当該原則の適用がないことの論理の説得性に依存する。防衛作用に対し憲法一三条が規制法理となるか否かの検討が必要である。仮に、防衛作用にも憲法一三条の適用があるとすれば「作用規制論としてのネガ・ポジ論」の主張は成り立たない。

二　防衛作用と憲法一三条の適用問題

憲法一三条は「すべて国民は、個人として尊重される。生命、自由及び幸福追求に対する国民の権利については、公共の福祉に反しない限り、立法その他の国政上で、最大の尊重を必要とする」と規定する。この規定は防衛作用にまで適用されるのか。

防衛作用の対象の典型は、自衛権行使の相手方、すなわち敵国の戦闘員である。敵国の戦闘員に対し、我が国憲法が人権保障しているとは考えられない。敵国戦闘員に対する憲法一三条による権利保障は認めがたい。敵国戦闘員は憲法上の人権享有主体とは認められない。したがって防衛作用は憲法一三条の要請としての警察比例の原則の適用を受けない、と解するべきである。つまり、色摩教授、百地教授の「作用規制論としてのネガ・ポジ論」は、その意味において基本的には適当な説であると思われる。

なお若干補足すると、自衛隊法八八条は一項で「わが国を防衛するため、必要な武力を行使することができる。」と定め、二項で「前項の武力行使に際しては、国際の法規及び慣例によるべき場合にあってはこれを遵守し、かつ、事態に応じ合理的に必要と判断される限度をこえてはならないものとする」と規定し、「事態に応じ合理的に必要と判断される限度」の文言が、警察比例の原則を実定化しているようにも読み取れる。しかしながら、この文言は憲法一三条の要請としての警察比例の原則を実定化したものではなく、政策的配慮、あるいは自衛権に内在する制約を表現したものと解することが適当である。

ただし、「作用規制論としてのネガ・ポジ論」には次のような論点が残されている。すなわち、敵国戦闘員と明確に判別できる者に対し、憲法一三条の要請としての警察比例の原則の適用を必要としないとして、では、昨今問題となっているいわゆる「テロ行為者」についてどう考えるべきか、である。

この点、拙稿「『領域警備』に関する若干の考察」において次のように論じた。「大規模テロ行為」等の性質は、単なる「犯罪」とは異なり国家全体の安全に大きな影響を与える脅威、国家の安全保障に重大な影響を与えるものと捉えられる。我が国に引き直せば、原子力発電所、ダム、首相官邸、皇居等への攻撃が考えられる。そこで、このような「大規模テロ行為」等に対する作用を「領域警備」と名付け、国家作用としては防衛作用に位置づけることが適当ではないか、と論じた[14]。「領域警備」を防衛作用とした論拠は、第一に、「大規模テロ行為」等は単なる「犯罪」と捉えるにはあまりに重大であること、第二に、「大規模テロ行為」等の「実行犯」にまで憲法一三条の要請としての警察比例の原則を適用することは不条理であること、である。つまり、戦時国際法の適用される場面における敵国戦闘員を憲法上の人権の享有主体性が認められないのと同様の法理の適用が適当なのではないか、というものである。この点、人権の享有主体であるか否かを区分する明確な基準を考える必要があろう。「『領域警備』に関する若干の考察」での主張を表にすると次のようになる。

作用		規制法理	根拠（法源）
警察作用		警察比例の原則	憲法一三条
防衛作用	自衛権	自衛権の内在的制約原理等	国際法
	領域警備	？	国際法？

しかしながら、現時点においては上記主張には若干の留保が必要であると考えている。すなわち「領域警備」の対象である「大規模テロ行為」等の「実行犯」に対する作用を「防衛

作用」に位置づけることの論理的必然性を証明しつくしていないことを認識したからである。つまり、理論上は、次のような整理も可能であると再考したところである。

作用		規制法理	根拠（法源）
警察作用	通常警察	警察比例の原則	憲法一三条
	領域警備	？	国際法？
防衛作用（自衛権）		自衛権の内在的制約原理等	国際法

いずれにせよ「領域警備」、すなわち、「大規模テロ行為」等に対する国家作用の規制法理、根拠などを如何に考えるかは、重要な検討課題であると思われる。ただし、「大規模テロ行為」等に対する国家作用の規制法理を国内法に求めるにしても、当該国家作用の規制内容は、憲法一三条の要請としての警察比例の原則の適用ではなく、別の規制法理を考える必要があるように思われる。この点例えばホッブズが、「国民」であっても国家に対し反乱を企てる者は形式上「国民」の地位を有するにすぎず、実質は「国家の敵」であると捉え、「国民」の地位を有する単なる刑法犯である犯罪者とを区別し、刑法犯に対する国家の加害行為は「刑罰」であり、他方、「国家の敵」である形式上の「国民」に対する国の加害行為は「刑罰」ではなく「戦争権に基づく敵対行為」であるべきである、と論じる点は参考にされるべきで

あろう(15)。

三 小結

以上、色摩教授、百地教授が展開される「作用規制論としてのネガ・ポジ論」について検討したが、基本的には適切な考え方であると思われる。ただし、百地教授が、「軍隊」であれば、「領海を侵犯した軍艦や潜水艦に対しては国際法規および国際慣例に従って警告を発し、もし相手方がその警告に従わなければ、警告射撃等の武力行使を行うことが可能である。また場合によっては、相手側船舶を撃沈することもできる。さらに領土主権を侵犯した武装ゲリラに対しても、国際法に従って武力行使を行い、相手側を殲滅することも許される。」とまで述べられる点については、ここで言われる国際法規、国際慣例の意味内容、あるいは規制法理、限界等についての具体的な検討がさらに必要であるように思われる。いずれにせよ、警察作用と防衛作用は実力の行使という意味で同質性が認められるにすぎず、その法的性質は異なる。

なお、米国を始めとする主要国においては、防衛作用、とりわけ武器の使用に際しての規制規範として、「ルール・オブ・エンゲージメント（ROE）」が策定され、かかる「ROE」により防衛作用を規制している。一般に「交戦規定」あるいは「部隊行動基準」と訳されている(16)。しかしながら、我が国においては「ルール・オブ・エンゲージメント」に関する包括的な研究は存在せず、管見では、防衛研究所の橋本靖明主任研究員及び合田正利主任研究員の貴重な成果があるのみである(17)。今後は、防衛作用の規制法理の探求の一環として「ROE」の内容はもとより、当該「ROE」の法形式についても検討する必要があると思われる。ROEについては、本稿「七」においてあらためて言及する。

五　自衛隊法の全体構造論としてのネガ・ポジ論――法律事項の範囲

先に紹介した石破議員の「私どもの自衛隊法の書き方というのはポジリストになっておりますから、あれもできる、これもできるという、できることが列挙している。しかし、基本的に軍隊の法制というのはネガリストであって、やってはいけないことが書いてあって、それ以外はやってもいい。そういう問題も私はあるのだろうと思っています。」との発言（本稿注（11）参照）で注目すべき点は、自衛隊法は「あれもできる、これもできるという、できることが列挙している」という箇所である。石破氏の指摘のとおり、自衛隊の活動（行動）及び権限は基本的に自衛隊法という法律形式で網羅的に根拠付けされている。議会制定法である法律という法形式で網羅的に自衛隊の活動及び権限を創設しているということである。現行においては、法律のみが自衛隊の活動及び権限を創出する。

なお、ここで「ポジリストになっている」の意味は、議会制定法である法律によって網羅的に自衛隊の活動及び権限が創出されているという「法形式の問題」の他、「法内容の問題」如何、すなわち、活動及び権限を定めるリスト自体の内容がポジ的に書かれるか、ネガ的に書かれるか、という論点があり得る。しかしながら、法律は基本的に「要件」、「効果」を明確にしなければならないことから、議会制定法である法律で活動及び権限を定める限り、その内容はポジ的な書き方をせざるを得ないように思われる。したがって、ここでは「法形式の問題」として検討する。

一 ポジ・リストと議会制定法

以上のように捉えられるとすると、石破氏の指摘される「ポジ・リスト」、「ネガ・リスト」の違いは、行政・国会（議会）間の所管配分の問題、すなわち自衛隊、あるいは軍隊の活動、権限等を定める規範を構成する所管は行政と国会（議会）のどちらに属するのか、という命題に言い換え可能であるように思われる。すなわち、石破氏の主張を再構成すれば、自衛隊においては当該所管は国会に配分され、他国の軍隊は行政に配分されていると整理し得るように思われる。このように再構成し得るとして、かかる再構成の当否が問われねばならない。
石破氏の発言は、現行において自衛隊の活動や権限は全て議会制定法である自衛隊法を中心とする法律という法形式で定められていることからポジ・リスト方式であり、他方、他国の軍隊は基本的に行政の裁量で憲法等で禁止されている事項以外は何事もなし得るという意味でネガ・リスト方式となっているという側面があるとの指摘と捉えられる（なお、「行政」概念に対外的な国家作用である防衛作用も読み込むのかについて議論があるが、ここでは便宜上「行政」の語を用いる(18)こととし、第六章において詳しく検討する）。

現行自衛隊法を中心とする防衛法の全体構造を見れば、警察作用、防衛作用を問わずあらゆる自衛隊の活動が議会制定法である法律という法形式で根拠付けされている。自衛隊法あるいは特措法等によって自衛隊の活動及び権限がすべて法律という法形式で定められている。したがって「自衛隊法の書き方というのはポジリストになって」いるという石破氏の指摘は、この意味において基本的に正しいと言える。また、この点に関連し、例えば杉村敏正教授も次のように述べる。

自衛隊が各種の警察作用をなす場合に、その作用をなす権限ある機関、要件、手続、内容につき、法律で規定すべきことは、法治主義の要請からみて当然のことである。しかし、自衛隊がその本来の任務たる外部からの武力攻撃に際して防衛作用をなす場合、その作用をなす権限ある機関、要件、手続、内容については、その主たるものは憲法でこれを定めるのが普通であるが、日本国憲法は戦争を放棄し、戦力の保持を禁止するため、国の防衛作用を全く予想せず、従って、これに関する規定を置いていない。そこで、わが国においては、これらの点が自衛隊法という単なる法律で規定されている（傍点本稿筆者）(19)。

杉村教授のこの指摘は、一般的には防衛作用に関する規定は法律という法形式で根拠付けすることは普通ではない、というものである。防衛作用、警察作用を問わず、自衛隊法という議会制定法である法律という法形式で自衛隊の活動、権限が定められているということの特異性を指摘するという意味で、石破氏の指摘の同種のものであると解される。もとより、軍事活動を「法」の枠外に放置して良いという主張ではないであろう。この場合の「法」は議会制定法ではなく、「憲法」であることがノーマルではないのか、ということである。

二 論点の再整理

石破氏や杉村教授が指摘するように、現状において自衛隊の活動は、法治主義の要請としては法律事項とされないと考えられる事項についても議会制定法である法律という法形式によって、つまり「ポジ・リスト」方式によって根拠付けされているが、この理論的意味をどのように理解するのかが問われなければならない。この点の検討がこれまで公法学の分野において十分検討されてこなかったのではないか。

この点に関連し、塩野宏教授は次のように述べられたことがある。

自衛隊の海外派遣、特に避難民の輸送に関する法律・政令は、私人の権利義務に直接関係するものではありません。自衛隊の活動でも、たとえば治安出動などになりますと、これは警察権の行使ですから一般の行政作用法の世界に入るので法律の根拠が要るということで、自衛隊法にも治安出動に関する根拠規定が置かれています。これに対して、自衛隊の活動の一環としての難民輸送となると、どうも古典的な意味での法治主義そのものの問題ではないように思われます。むしろ、法律的論点の提示としては、伝統的な法治主義という形ではなく、文民統制の一環としての国会の統制といった観点から捉えるべきではないでしょうか（傍点本稿筆者）(20)。

塩野教授も指摘されるように、自衛隊の活動のうち、警察作用に属する例えば治安出動などは、作用の主たる対象である国民が憲法の人権規定によって保障されているが故に、法治主義の要請として議会制定法である法律という法形式による根拠付けが論理必然的に必要となる。

ところでここで「法治主義」とは例えば柳瀬良幹博士は「国民の権利義務について新しい定めをするのは立法に限る」[21]と説かれ、杉村、塩野両教授も「法治主義」の語のもとに、この柳瀬教授の「法治主義」概念を理解されていると思われる。このような「法治主義」概念を前提とすれば、敵国(戦闘員)に対する自衛権の行使(自衛隊法八八条)や対領空侵犯措置(同法八四条)、南極地域観測に対する協力(同法一〇〇条の四)、国賓等の輸送(同法一〇〇条の五)等についても法律で根拠付けされているいるが、このことは、伝統的行政法学が説くところの法治主義の要請としてではない、と言える。そうであるならば、自衛隊の活動のすべてを自衛隊法を中心とする議会制定法である法律で定めることの理論的意味をあらためて問う必要があると考える。

なお、理論的観点とは別に歴史的にみれば、周知のごとく自衛隊は警察予備隊という警察組織をもとにしており、また、自衛隊は、現行憲法九条との関係で違憲論も強力に主張されてきたところでもあることから(現在においても憲法学者で違憲を説く者も多い)、違憲論を「封じ込める」ため、民主的正当性を付与する観点から自衛隊の活動、権限に関する規範をすべて議会制定法である法律に求めてきたことに理解を示すに吝かではない。しかしながら、歴史的な問題と理論的な問題はもとより別の議論であることは指摘しておきたい。そして管見では、自衛隊法、防衛庁設置法を定めるに際し、何を法律事項とすべきか、という点について議論された形跡がない。

そこで現在なすべきは、理論的な検討である。就中、現行憲法のもと、自衛隊が合憲であるとして、自衛隊の活動及び権限の根拠は論理必然的に議会制定法である法律でなければならないのか、という問いである。法治主義の要請であれば、法律でなければならない。現状において自衛隊の活動はすべて法律という法形式での根拠付けが求められているが（活動、権限の創設）、その理論的根拠が問われなくてはならない。つまり、現行憲法は、自衛隊の活動を定める所管を排他的に国会に委ねているのか、という問いへの答えが求められる。仮に現行憲法の解釈論上、自衛隊の活動を定める所管は排他的に国会にあると解されるならば、我が国防衛法制の法律によるポジ・リスト状態は論理必然的なものとなる。しかしながら、そうでないとするならば、別の理解が可能となろう。次章において検討する。

六　自衛隊の活動を決定するのは国会の排他的所管か

さて、杉村教授も指摘されるように、我が国の自衛隊法を中心とする防衛法制は、他国の同様の法制に比し特異なものである、と評し得るであろう（他国の憲法状況については第七章において検討する）。また、議会制定法である法律という法形式で自衛隊法の活動、権限が詳細にポジ・リスト化されているという石破氏の指摘もそのとおりである。

しかしながら杉村教授が「日本国憲法は戦争を放棄し、戦力の保持を禁止するため、国の防衛作用を全く予想せず、従って、これに関する規定を置いていない。そこで、わが国においては、これらの点が自衛隊法という単なる法律で規定されている」と説明される点はどうであろうか。以下検討してみたい。

自衛隊の活動、権限が議会制定法である法律によって詳細にポジ・リスト化されている点に疑問を抱かない論者の議論は、現行憲法は防衛作用を全く予想していない、という判断をその出発点としている。が、近時の行政概念を巡る議論を踏まえれば、別の理解の仕方も可能になるのではないかと思われ、以下、試論を展開し、大方からのご批判を仰ぎたいと思う。

そこで、そもそも「行政」に防衛作用を読み込むことが可能か（本稿注(18)参照）、という問題について、現行憲法の解釈論として検討したい。その際、現行憲法のもと、そもそも「行政」を担う組織（機関）は何であり、そしてその組織（機関）の所管事項は何か、また当該所管事項は国会の所管事項との関係でどのように解することができるかあわせ検討し、防衛作用に関する規範創設の権限をどのように配分するか、あるいはすることが可能か、ということについて論じることとする。

㈠「行政」概念と防衛作用

現行憲法六五条は「行政権は、内閣に属する」、同七二条は「内閣総理大臣は、内閣を代表して……行政各部を指揮監督する」と規定する。つまり、現行憲法のもと、行政なる語に関係する組織には「行政権」を有する「内閣」と内閣総理大臣の指揮監督の対象とされる「行政各部」がある。そこで問題は、「内閣」と「行政各部」の所管事項如何である。

この点近時、「内閣」は「執政」を、「行政各部」は「法律の執行」をそれぞれ担う組織（機関）であるとする議論が有力になされている。

例えば佐藤幸治教授は、内閣と行政各部の関係につき、次のように説かれる。

行政事務の多くは直接には行政各部が行うものであり、内閣は、それら行政各部の上にたって、法律が誠実に執行されるよう配慮し、全体を統轄すべき地位にあるということである。内閣がこうした統轄作用を全うするには、内閣が国政の運営全般についての基本方針をもち、その方針に基づいての総合調整力を発揮しなければならない(22)。

佐藤教授は内閣につき、「国政の運営全般についての基本方針」を持つとともに、「その方針に基づいての総合調整力を発揮しなければならない」組織と把握される。この内閣の権限把握に際しての補助線は、憲法七三条一号の「国務を総理する」の規定である。佐藤教授はこの「国務の総理」の規定の意味を重く受け止められた上で「行政権には高度の統治作用（総合戦略・総合調整作用）が内在している。それは、予算・外交・防衛等々の国政全般に及ばざるを得ない」(23)と解され、この作用が内閣の機能であると説かれるのである。

また、阪本昌成教授は、佐藤教授とは別の論理を用いて、すなわち現行憲法の英文テキストの英語表記を重んじることによって佐藤教授と同様の結論、すなわち「執政権説」を引き出される（佐藤教授も英語表記に意を用いてはいるが、その立論に際しては「国務を総理する」の解釈が決め手となっている。また、詳細に見れば佐藤教授と阪本教授ではその「執政」の内容には微妙な違いがあるようにも思われるがここでは立ち入らない）。阪本教授は次のように述べられる。

英文のテキストにおいて六五条は、「Executive Power（執政権）は、内閣に属する」、……七二条は、「内閣総理大臣は、……various administrative branches（行政各部）を指揮監督する」というのである(24)。

そして阪本教授は、上記の英語表記、とりわけ Executive Power の語に着目することにより、現行憲法のもと内閣を、「行政各部」various administrative branches とは別の「執政権」

の主体と捉えられる。

佐藤幸治教授、阪本昌成教授ともに、内閣を「法律の執行」に止まらない、それを超えた「高度の統治作用（総合戦略・総合調整作用）」、「執政権」の主体と捉える。

本稿は、執政権説を現行憲法の解釈論として支持するものである（理由は後に論じる）。このことを念頭におきながら、次に防衛作用と「行政」との関係について検討することとしたい。

さて、本稿注（18）において注記したが、小針教授は防衛作用を「行政」概念に含ませることに否定的見解を述べられる。そしてこの点に関する論争が安田寛教授と小針司教授の間でなされ、この論争を詳細に検討されたのが防衛大学校の山中倫太郎講師である。山中講師は、安田・小針両教授間の争点を「国の防衛は果たして行政なのか」(25)と定式化され、検討される。が、この場合の「行政」とはそもそもどのような文脈で用いられる「行政」なのかが問われなくてはならないように思われる。本稿筆者は、先に現行憲法のもと、憲法六五条で規定されている「行政権」と七二条で規定されている「行政各部」の「行政」は、共に「行政」と表記するも、その概念は別であることを前提とする執政権説を紹介した。執政権説を前提とすれば、安田・小針両教授が論じられた「国の防衛は果たして行政なのか」という問いにおける「行政」は、どちらの行政概念を念頭においたものなのかが問われなくてはなるまい。この点山中講師は次のように捉えられる。

安田・小針論争において中心的な争点となったのは、この自衛隊最高指揮監督権が日本国憲法の「行政権」（憲法六五条）に含まれるか否か、という個別憲法解釈上の問題である[26]。

しかしながら、本稿筆者の見るところ、そもそも安田・小針論争で論じられるべき中心的課題は二つあるように思われる。一つは、山中講師が指摘されるところの「自衛隊に対する最高指揮監督権」が「行政権」（憲法六五条）に含まれるか否かの問題、そして山中講師が指摘されない事項ではあるが、二つめとして「自衛隊に対する最高指揮監督権」以外の自衛隊の機能（事務）をすべて「行政各部」（憲法七二条）に読み込むことの適否の問題があげられるであろう。事実安田教授は「自衛隊に対する指揮監督権は行政権の一部であり、自衛隊は行政各部の中に完全に組み込まれている。」[27]と説かれ、この安田教授の説かれた点に対し批判されたのが小針教授なのである。

山中講師は安田・小針論争の中心課題を「行政権」（憲法六五条）を巡る論争と捉えるのであるが、そもそも安田・小針論争における争点把握に問題はなかったであろうか。

本稿筆者は、「行政権」（憲法六五条）と「行政各部」（憲法七二条）とで語られる「行政」

は同じ行政と称するも、その概念は異なるものと捉えることが適当であり、したがって、自衛隊に対する最高指揮監督権が「行政権」に属するのか否かの問題と、当該最高指揮監督権以外の自衛隊が行う全ての機能（事務）を「行政各部」に配分することの適否の問題は、「行政」の異同に着目した上で論じられるべきと考える。

山中講師も自身の論文の後半で次のように説かれる。

執政権論が明らかにしたように、「行政権」（六五条）の英文が、executive power であったことを重視すれば、七三条の「行政」と六五条の「行政」の意味の違いを意識してしかるべきことになる(28)。

更に山中講師は「国の防衛は果たして行政なのかという問題設定に対しては、結論は次の三通りしかあり得ない」(29)とされ、次のように整理される。

① そもそも、自衛隊設置自体が禁止されている。

② 自衛隊設置は禁止されていない。自衛隊の最高指揮監督権は、「行政権」に属しない。

③ 自衛隊設置は禁止されていない。自衛隊の最高指揮監督権は、「行政権」に属する。

ここで②の「自衛隊の最高指揮監督権は、『行政権』に属しない」は、執政権説に基づけば「自衛隊の最高指揮監督権は『行政権』に属しないけれども『行政各部』に属することは法律により可能」と表現することが適当であろう。しかし、以上のような山中講師の整理には問題はないであろうか。先に指摘したように「国の防衛は果たして行政か」という問題設定に対しては、「自衛隊に対する最高指揮監督権」の所在の問題の他に自衛隊の機能（事務）をすべて「行政各部」の事務と捉えることの適否の問題がある。このように考えると、山中講師の捉え方は一面的なのではなかろうか。なぜなら、「自衛隊に対する最高指揮監督権」は防衛作用を構成する重要な要素ではあると考えられるものの、それのみが「行政権」に含まれるべき防衛作用ではあるまい。それ以外の自衛隊が行う機能（事務）の中にも内閣（行政権）が保持すべきと考えられる防衛作用を構成する要素があると考えられる。したがって、山中講師が「国の防衛は果たして行政なのか」という問題設定に関する解答を上記三通りに限ることについては疑問が生じる。「国の防衛は果たして行政なのか」という問題設定に対し適切に答えるためには、「国の防衛」の内実を問い、それを「内閣」、「行政各部」にどのように配分するのか、あるいはすべきかにつき、明確にしなくてはならないであろう。

再び安田教授の所論を見てみよう。先に見たように安田教授は「自衛隊に対する指揮監督権は行政権の一部であり、自衛隊は行政各部の中に完全に組み込まれている。」と説かれた。その内容は次のように再構成できるように思われる。つまり、自衛隊に対する最高指揮監督権を内閣（憲法六五条）に、その他の自衛隊の機能（事務）をすべて「行政各部」（憲法七二条）に配分することを主張するものである、と。このように再構成できるとすると、安田教授の主張は、「自衛隊に対する最高指揮監督権」とそれ以外の機能（事務）の単純な二分論に立つと解される。このような理解が可能とすると、まず、安田教授が説かれるような単純な二分論の適否の検討が必要となろう。「国の防衛は果たして行政か」という問いに対しては、「国の防衛」の内実そのものを公法学の視点からあらためて再構成した上で、どのような意味で「行政」なのか、あるいは「行政」ではないのか、検討する必要があるように思われる。繰り返せば、その際、安田教授が説かれるように「自衛隊に対する最高指揮監督権」とそれ以外の機能（事務）の単純な二分論の適否がまず検討に付されなくてはなるまい。このような作業に基づき構成された防衛作用を現行憲法上どのように配分可能か、という視点から更に検討されなくてはならないであろう。

「自衛隊に対する最高指揮監督権」は「防衛作用」と捉えられるが、「自衛隊に対する最高指揮監督権」を「行政」に読み込むか否かの結論は執政権説を肯定するか否かによっても影響を受ける。つまり、執政権説を肯定するならば「行政権」（内閣）、「行政各部」のどちらの「行政」に自衛隊に対する最高指揮監督権を含めることにするのか、あるいはしないのかが問われる。この問いに対しては執政権説を肯定するか否かの検討が先決となろう。また、先に指摘したように、自衛隊に対する最高指揮監督権以外の自衛隊の機能（事務）を「行政権」（内閣）あるいは「行政各部」に配分することが適当か否かにつき検討する必要性も生じる。

以上、山中講師の論述を参考に安田・小針論争における争点の再整理を行ったが、先に論じたように、現行憲法は、行政に関する組織（機関）を「内閣」と「行政各部」に分掌させ、内閣の権限と行政各部の権限を別のものとしている。であるならば、同じ「行政」と呼称するも、その概念は別のもの捉えなくてはなるまい。現行憲法七二条は内閣総理大臣の行政各部に対する指揮監督権を規定するが、それは内閣に属する「行政」と行政各部に帰属する「行政」を別のものと捉えて初めて理解可能となる。かかる理解を前提としなければ内閣と行政各部の役割の区別を合理的に説明できない。したがって本稿筆者は執政権説を肯定する立場をとる。しかし次に問題となるのは執政権の内実を如何に把握するかである。また、執政権説を肯定しても当該執政に防衛作用を読み込むことができないとすれば、次に「行政各部」の事務に防衛作用を読み込むことが可能か否かが論点となる。が、その場合、防衛作用を読み込まない執政とは何か、という疑問が生じるであろう。ただし、防衛に係る事務が全て執政ではないであろうから、防衛作用の内実を如何に理解するかについても検討されなければならない。

二　阪本教授の所論を援用しての試論

そこで次に、執政権説を唱えられる阪本昌成教授の所論をもとに防衛作用を執政概念に含める場合の一つの理論構成を試論の域は出ないが示してみたい。

阪本昌成教授は日本国憲法六五条が定める「行政権は、内閣に属する」の規定は、内閣を単なる法律の執行機関に位置付けているのではなく、「政策を決定する『執政権』の主体である、とみなければならない」[30]と述べられる。ここで「執政」とは「実定法による一般的・抽象的な規律になじまない活動、あるいは、法定立の性格を有しない統治政策の立案・見直し等を指す」[31]と説明される。このような「執政」概念を念頭に、憲法六五条に基づく内閣の権限につき、次のように説かれる。

内閣は、（ア）国政の大綱・施政方針の決定、（イ）行政運営体制の確立（人事及び組織を含む）」、（ウ）公共目的の設定と優先順位の決定、（エ）行政各部の督励と指揮監督、（オ）法律案の策定、予算、政令等の決定、（カ）行政各部の政策や企画の承認、（キ）行政各部の統合調整、（ク）国事行為に対する助言と承認、（ケ）国家的レヴェルの危機管理等々を自ら決定し、各行政機関に実行せしめたり、見直しを求めたりするのである（傍点本稿筆者）[32]。

ここで注目すべきは、「(ケ) 国家的レヴェルの危機管理」が内閣の所管とされている点である。「国家的レヴェルの危機管理」のうち典型的な例の一つは、他国からの侵略やその他の武力の行使などへの対応であろう。これらへの対応を誤れば(すなわち危機管理に失敗した場合には) 憲法秩序の混乱は甚だしいものとなる。自衛隊の活動は基本的に防衛を含め広い意味での危機管理の一環として行われることから、阪本教授の所論に基づけば、自衛隊のような武装集団に特有の作用、すなわち防衛作用のうち重要な事項は、執政に読み込むことが適当であると解されるであろう。

なお、再論すれば執政権説を肯定し、かつ自衛隊を合憲としながら防衛作用を内閣ではなく「行政各部」に組み込む見解が論理的にはあり得る。しかしながらその場合、国家の存立を左右する防衛(作用) 事項を執政に読み込まない執政(権) とは如何なるものであるのかが問われるであろう。執政概念の適否が問われる。したがって、執政権説を肯定し、自衛隊やそれに類似する武装集団の存在を合憲と解するのであれば、そのような組織の作用のうち重要な事項は「行政各部」に組み込むのではなく、「執政」に含めるべきである(33)。しかし次の論点として、自衛隊やそれに類似する集団の作用を防衛作用と把握するとしてかかる作用がすべて「執政」か、という問いが生じることも前述したとおりでもある。少なくとも防衛作用と観念される事項のうち、重要な事項は執政と捉えるべきであろう。しかしその範囲を確定することは困難であるが、自衛隊の最高指揮監督権以外の事項についても執政と観念し得る事項があり得るように思われる。

三　「執政」と「国権の最高機関」との関係

内閣を執政権の主体として把握し、防衛作用のうち重要な事項を当該執政に読み込むとして、防衛法制の構成にどのような影響を与えるのかについて検討する。その際、内閣・国会間の所管配分について整理する必要がある。つまり、現行憲法の解釈として、執政の主体である内閣と国会との間の所管事項をどのように配分することが可能か検討しなくてはならない。この点山中講師に次のような指摘がある。

第三説（自衛隊設置は禁止されていない。自衛隊の最高指揮監督権は、「行政権」に属する。）は、自衛隊指揮監督権の行使のあり方について、国会の法律が具体的な定めをすることを許容するのか。許容するとしても、法律の優位原則といかなる関係に立つのか（括弧内本稿筆者）(34)。

つまり、「内閣」と「国会」との間の所管事項、あるいはその関係が論点となるのである。

さて、現行憲法四一条は、「国会は、国権の最高機関であって、国の唯一の立法機関である」

と規定する。ここで国会は「唯一の立法機関」であるとされるのであるが、これは、実質的意味の法律である「法規（Rechtssatz）」の制定は国会の排他的所管事項である、ということを意味すると解される。ここで「法規」とは「憲法の直接的執行として、国民の権利義務を規律する法規範」(35)である。しからば「憲法の直接的執行として、国民の権利義務を規律する法規範」ではない法規範の定めをすることは内閣の権能として認められるか。国会は、「唯一の立法機関」であるとともに「国権の最高機関」でもある。この国会の最高機関性と内閣の権能との関係を検討しなくてはならない（なお、学説上、「最高機関」に法的意味を認めるか、それとも単なる「政治的美称」に過ぎないか、という点につき争いがある。本稿では立ち入らないが、ここで「政治的」といった場合の「『政治的』の意味」、あるいは「法的」意味を認めると言った場合の「『法的』の意味」を明確にする必要があるように思われる）。

まず、内閣は、「法規」の性質を有しない規範の制定権を有するか。新教授は次のように説かれる。

> 国民の権利・義務に関する規律でないかぎり、必ずしも憲法を直接執行する他の法形式の存在が憲法上完全に排除されるわけではなく、それ故、「この憲法……の規定を実施するため」の「政令」（憲法七三条六号）もありうる(36)。

新教授によれば、「国民の権利・義務に関する規律でない」という条件で、内閣による法律を介在させない「政令」制定権が認められ得る。それでは、かかる「政令」制定権は内閣の排他的所管か。新教授は次のように国会との競合的所管を説かれる。

国会は「国権の最高機関」であるから、憲法上他の国法形式の専属的所管とされている事項以外は、すべて法律の競合的所管事項に属し、国会はいつでもそれを法律によって規律しうると解される(37)

新教授の所論をまとめると、第一に、内閣は憲法を直接執行する法規の性質を有しない政令を制定し得る。第二に、国会の最高機関性からして当該政令で定め得る事項は、法律との競合的所管事項と解される、と。

また、法律を介在させず制定し得る政令事項（法律との競合所管ではあるが）について新教授は次のように説かれる。

たとえば、内閣法は閣議の議事手続についてはほとんど何も規定していないが、かかる事項や、さらには各省に共通する職務通則に関する事項など、行政府の内部的自律事項が考えられ、内閣が政令によってかかる事項について自律規則を定めること自体、たとえばドイツでは憲法明文によって認められ（ワイマール憲法五五条・ボン基本法六五条）、現になされているように、いわば当然のことであって別段何の不都合もなく、むしろ「他律的統制をおよぼさないことにこそ合理性がある」ともいえる(38)。

新教授の所論は、先に論じた内閣の執政権説を念頭におかれていないと解されるが、内閣の執政権説を前提にした場合においても政令事項はすべて国会との競合所管事項と言い切れるのか、問題となると思われる。つまり、一般論として、内閣の政令制定にかかる排他的所管事項を語り得る余地はないのか、との論点が生じ得る。

現行憲法が「執政権」を内閣に与えているとすれば、憲法は、「内閣」に「法規」の性質を有しないある種の法規範制定事項を認めている可能性があるのではないか。「執政権」に対しても「国権の最高機関」の規定が優先されるのか。この点勝山教子教授に次にような指摘がある。

「最高機関」を根拠にして、帰属不明の権限を国会に推定する見解が広く認められているが、権限の帰属先は第一次的にはその性質に着目して決定されるべきであり、「最高機関」を根拠にした権限の帰属推定は、そのような決定をなしえない場合のことになろう……「最高機関」という抽象的表現から、直ちに特定の権限が導かれるものではなく、憲法全体の趣旨や国会の組織・権能の性質から総合的に考察しなければならない(39)。

勝山教授が述べるように「権限の帰属先は第一次的にはその性質に着目して決定されるべき」であれば、ア・プリオリに「最高機関」の文言から直ちに国会との競合所管を導くことはできない。事柄の性質に応じ、内閣が憲法を直接執行する政令を制定することが適当な場合があり得る（当然の事ながら「法規」の性質を有する政令の制定は違憲）。この点今後検討を深めていきたい。

本稿の問題意識に引き直せば、ここで事柄の性質とは防衛作用の性質とはどのようなものであり、そして防衛作用を根拠付ける法規範をどのように構成するか、すなわち、議会制定法である法律で構成することが適当なのか、執政権を有する内閣が政令で構成することが適当なのか、あるいは法律と政令との組み合わせか、白紙的に考えた場合、政令とは別の法形式があり得るのか等の論点が生じ得る。

これまで自衛隊法、あるいは各特措法などで定められてきた自衛隊の活動や権限を定める規定のうち、「法治主義」の要請から法律形式で根拠付けが求められる治安出動などの警察作用を除き、内閣の権限で根拠付けする、あるいは構成することも現行憲法の解釈上、可能と解する余地があるのではなかろうか。さしあたり国民の権利義務に直接変動を及ぼさない、例えば自衛隊法一〇〇条の四で規定する南極地域観測に対する協力などの活動は、憲法六五条に基づく内閣の所管事項としても考えられるのではないか。現行憲法の解釈論として、執政権説の論理に基づけば、現行自衛隊法で規定されている事項のうち、法治主義の要請で法律の定めが求められるものを除き、内閣の所管事項があり得るように思われる。しかしながら、現行の防衛法制について言えば、ある活動や権限の創設を内閣の排他的所管と解すると、例えば上記自衛隊法一〇〇条の四は違憲と解される可能性が生じる。が、これまでの防衛法制の歴史を重んじればかかる考えは成り立たないであろう。過去蓄積された防衛法制の慣行に従えば、内閣・国会間の競合所管と考えることが妥当、との線に落ち着く。

今後論じられるべきは、そもそも防衛に関する作用につき、内閣、国会どちらの機関にかかる作用を根拠付けさせることが適当か、である。つまり、内閣、国会の役割分担に関する考え方をどのように整理するかである。百地教授は「国会と内閣との間の新たな役割分担と統治機構論の再構築」(40)を提唱され、また堀内健志教授も次のように論じられる。

現行民主制はいまや議会による「立法」と「行政府」による「法律執行」、そして権利救済のための「司法」という図式のみでは国民・国家が抱え、解決を迫られている諸問題、例えば経済・財政的危機、災害対策、高齢社会における福祉・年金問題、国際平和維持、有事問題等、平時のルーティンでは対応しきれない課題が山積している。こうした状況に直面したときに、いかなる国家統治のあり方が可能であり、望ましいのかという視点がいまや求められている(41)。

わが現行憲法上の内閣に帰属する「行政権」に「法律執行」のみに留まらない「統治」あるいは「執政」の要素が含まれていることが、有力に主張され出している。が、そうであるならば、内閣が制定する「政令」の所管事項論においても、それに対応する吟味・再構築を行い、なによりもこれに対する民主的統制のありかたが（議会的統制や国民による行政政策決定過程の公開請求・統制なども含めて）模索されなくてはならないであろう(42)。

百地、堀内両教授の説かれる点は今後の防衛法制を考える上でも示唆に富むものと思われる。

防衛法制を論じる重要な論点として内閣・国会間の所管配分のあり方の問題が存在する。そして本稿は、現行憲法の解釈論として、自衛隊の活動等の法的根拠付けに関し現行自衛隊法の規定の仕方、すなわち議会制定法である法律による網羅的な根拠付け、すなわちポジ・リスト化が論理的必然性の結果であるか否か検討し、近時有力に唱えられる執政権説に基づけば、必ずしも論理的な必然性はない可能性を示した(43)。

七 他国の憲法状況

さて、次に、どのように防衛法制を構成するのが適当か、という最終結論を得るための準備作業として、他国においてはその権限を行政・国会間にどのように配分しているか、という角度から若干の検討をすることとしたい。

他国の状況も本稿筆者の能力から網羅的に検討することは不可能である。行政・国会間の所管配分を考える上で参考になると思われる数カ国については、以下若干の検討を行う。

一 アメリカ合衆国

憲法二条二節一項
大統領は、合衆国の陸海軍、および現に合衆国の軍務に服するために召集された各州の民兵の最高司令官である(44)。

アメリカ合衆国軍隊の活動と権限にかかる法規範は、基本的にその大統領の最高司令官条項に基づき、法律を介在させることなく、行政の権限で構成される。具体的には、先に紹介した（本稿注(17)参照）ルール・オブ・エンゲージメント（ROE）によって構成されている。ROEとは、軍人あるいは部隊の行動を律するものである。

さて、ROEの目的であるが、「指揮官に付与した任務を遂行させるに当たって、指揮官に実行の際の裁量範囲と制約を明確に認識させること」(45)とされている。そしてROEと他の法規範との関係については、「米国は、ROEが適用されるべき諸法規に従っていることを要求し、統合参謀本部に、適切な幕僚及び職員を確保して、適用されるべき国内法と武力紛争法を含む国際法との一致を確保するために法的な再審査を含めROEの見直しを実施させ、ROEが国際法と国内法に基づくことを要求する」(46)とされており、国内法及び国際法がROEの法的限界を画する。

また、ROEの策定要領は次のようになっているという。「米国の国家中枢（NCA）は、自国軍部隊に適用される交戦規定を策定するための前提となる国家安全保障政策を策定する。この政策を受けて、軍の中央司令部（統合幕僚、統合作戦課（J―3））は作戦規定を整備する責任を有している。そのようにして策定された高レベルのROEは、国家中枢に報告され、承認を受ける」(47)、「米国陸軍を例とすれば、（S）ROEは、統合参謀本部議長から統合軍司令官へ、統合軍司令官から師団長、旅団長、連・大隊長の指揮系統に沿って徹底される。統合軍司令官以下の指揮官は特定の任務に必要なＲＯＥを作成し、それぞれの上級指揮官に報告又は申請・承認を受けて下級指揮官に付与する。申請の重要度によっては、大統領までなされることとなる」(48)と。

本稿との関わりで注目すべき点は、ＲＯＥと他の国内法との関係である。管見では、米国においては、防衛作用の中核である部隊の行動、とりわけ武器の使用につき、我が国のように自衛隊の活動毎、武器使用の基準を議会制定法である法律で根拠付けされてはいない。基本的にはＲＯＥに基づく。ＲＯＥの法的限界は実質的には国際法に求められる（当然、法定限界の他、政策的な制約事項がＲＯＥに反映される）。ただし、アメリカ合衆国憲法は、一条八節一四項において「陸軍及び海軍の統轄および規律に関する規則を定めること」(49)を連邦議会の権限としており、文理上、ＲＯＥの策定は、大統領の最高司令官条項に基づくというよりは、当該条項に基づく連邦議会の権限に属すると解される余地があるが、連邦議会は本条項を根拠に、ＲＯＥの策定に際して行政を統制してはいないようである。かかるアメリカ合衆国の状況については、どのような憲法解釈に基づきＲＯＥの策定がなされるのか。例えばマホーネイ（Elmer J.Mahoney）教授は次のように主張する。

（憲法の）起草者たちは、戦争と平和に関する決定権を、極度の緊急事態の場合を除いて、連邦議会に割当てた。しかして緊急事態の場合には、最高司令官たる大統領に軍事作戦を遂行することを委ねたのである。憲法の枠組みにおいては、その意図と構想は明白である。すなわち社会を平和の状態から戦争状態へと変化させるような畏ろしい権限は、立法府に与え、一方軍隊を指揮し、戦争手段を行使する第二次的権限を行政府に付与した（傍点本稿筆者）(50)。

また、マホーネイ教授が主張するように、軍事に関して憲法典の規定が「その意図と構想は明白」であるかはいささか疑問である。本稿筆者の疑問に引き付ければ同じくマホーネイ教授に次のような主張が見られる。

連邦議会は、「陸海軍の統轄および規律に関する規則を制定する」憲法上の権限をもっているので、大統領は連邦議会の権限に従属しているが、自らの行為を効果的にするべく広範な内部的管理権をもっている。大統領は、軍隊の生活方法に重要な影響を与える訓令のごとき規則は定めることができる。トルーマン大統領およびアイゼンハワー大統領は、最高司令官としての権威を利用して軍隊内での人種差別を禁ずる訓令を発した(51)。

上記によれば、大統領が軍内部における「人種差別を禁ずる訓令」を発したとされるのであるが、そもそも憲法典はかかる権限を連邦議会に付与しているのではないか。連邦議会の軍隊にかかる規律規則の制定権とマホーネイ教授説かれるところの大統領の軍隊内部にかかる内部管理権との境界はどのように設定されているのか。これをどのように理解すべきか。憲法典の文理解釈上、大統領の「内部管理権」は連邦議会の権限を侵していると解する余地があるのではないか。マホーネイ教授の記述からも軍事に関する憲法典の規定を「その意図と構想は明白」と評することは、憲法運用の実態に照らせば困難であろう。しかしマホーネイ教授の真意は、憲法典の規定そのものについては「その意図と構想は明白」であるが憲法運用の現実は異なる、という意味かもしれない。いずれにせよ、大統領の人種差別禁止の訓令発簡にかかる違憲論が米国において唱えられていないのか等、アメリカ憲法学において軍事に関する大統領と連邦議会間の所管配分に関しては、解明されるべき論点がある。

なお、「戦争権限法」(52)により、武力行使の可否について大統領の権限を議会が制限することはある。が、この議会の大統領に対する統制は、合衆国軍隊の投入の可否に関するいわば手続きにおける統制であり、軍隊の活動内容あるいは権限等につき具体的に議会が統制するものではない。現状においては、具体的な軍隊の活動内容、軍隊の権限を決定することが出来る権限は大統領が有していると解される。

アメリカにおいては、軍隊の活動、権限については基本的に議会制定法による制約を受けない、という意味でネガ・リスト方式が採用されていると言える。

二　スウェーデン

憲法一〇章九条〔国防軍〕

1　政府は、王国の国防軍またはその一部を、王国に対する攻撃に対処する目的のために、戦闘に従事させることができる。その他の場合には、スウェーデン軍隊を、次の場合にのみ、戦闘に従事させ、または他国に派遣することができる。

一　国会がそれに同意したとき。

二　法律がその行動のために必要な条件を明示した上で認めているとき。

三　国会が承認した国際条約または国際的義務から、その行動をとる義務が生ずるとき。

2　王国が戦闘状態にあるとの宣言は、王国に対する武力攻撃の場合を除いては、国会の同意なくして行うことはできない。

3　政府は、平和時においてまたは外国と戦争状態にある間に、王国の領土への侵入を防ぐ目的のために、国際法および国際慣習に従って、国防軍に武力の使用を授権することができる(53)。

スウェーデン憲法一〇章九条一項に基づけば、個別的自衛権の行使に際しては議会の統制を受けることなく政府の裁量で軍隊を出動させることができる。ただし、九条一項三号に従えば、例えば国連平和維持活動等、国外へ軍隊を展開させるに際しては、国会の同意、あるいは法律の定め等が必要とされている。

また、注目されるべきは一〇章九条三項の規定である。すなわち、この規定は「平時」においても「領土への侵入を防ぐ目的」であれば、「国際法及び国際慣習に従って」との要件を課した上で「国防軍に武力の行使を授権することができる」と規定し、武器の使用、あるいは武力の行使に関し、政府に対し幅広い裁量を認めている。スウェーデン憲法一〇章九条三項に従えば、例えばわが国における対領空侵犯措置に相当する行動は、議会制定法を根拠とするのではなく、憲法を直接根拠として（議会制定法（法律）を介在させることなく）行政（政府）の権限で実施し得る。事実、憲法一〇章九条三項を直接根拠とする「平時及び中立時におけるスウェーデン領域侵犯対処措置に関する国防軍規則」に基づき対領空侵犯措置等を実施している(54)。

すなわち、スウェーデンにおいては、行政（政府）の権限で、憲法で禁止されている事項に抵触しない範囲で、平時、有事を問わず、議会制定法（法律）を介在させることなく、国防軍の活動が認められている。

以上から、スウェーデンにおいてもネガ・リスト方式が採用されていると言える。

三　スペイン

> 憲法8条〔軍隊〕
> 2　軍事組織の基本原則については、憲法の諸原則に従い、組織法でこれを定める。
> 憲法一〇四条
> 2　組織法は、国防軍及び保安隊の職務、活動の基本原則および規則を定める(55)

スペイン憲法八条二項及び同一〇四条二項は、「組織法」によって「軍隊組織の基本原則」及び「国防軍及び保安隊の職務、活動の基本原則および規則を定める」とする。当該組織法は未見であるが、「基本原則」との表現から、法律で定める範囲が限定されているものと解される。したがって、当該「組織法」は、自衛隊法のように、活動内容、権限を詳細に規定はしていないのではないか、と解される。問題はスペインにおいて何を基本と解しているかである。この検討は別に譲りたい。

八　むすびにかえて

本稿は、現行憲法の解釈論として、これまで自衛隊法、あるいは各特措法等で規定されてきた作用のうち、法治主義の原則に抵触しない範囲、すなわち国民の権利義務に関わらない内容であれば、行政（内閣）の権限として、法律形式に依らない防衛法を構成し得る可能性について指摘した。言い換えれば、現行憲法のもとにおいても法治主義の妥当範囲ではない事項であれば、内閣の所管として防衛法制を構成し得る可能性（内閣と国会の競合所管事項ではあるが）があるのではないか、という論点の提示を行った。

この点に関し「自民党新憲法草案」（平成一七年八月二日朝日新聞一二・一三面参照）について付言すれば、草案第九条の二第四項は「自衛軍の組織及び運営に関する事項は、法律で定める」、また同第九条の三第三項は「自衛軍の統制に必要な事項は、法律で定める」とあり、「自衛軍の組織及び運営」及び「自衛軍の統制」については法律事項とされているのであるが、これらの文言の理解の仕方によってはこれまでどおりのようなポジ・リスト方式を採用せざるを得ないように思われる。それも一つの決断ではあるが、慎重な検討が必要なのではあるまいか。あるべき憲法、とりわけその統治機構を構成するに際し、防衛に関する事項を憲法でどのように規定するのかについては、自衛隊を「軍」と呼称するか否か等の論点の他、防衛法制の法形成をどのようにするのか、防衛法制を構成する権限をどの国家機関に委ねるのか、という論点も存在することを指摘しておきたい。

以上のような観点を踏まえれば、各国の防衛に関する統治機構、特に行政・国会間において軍事に関する所管配分がどのようになっているのか、さらには、行政・国会間の所管配分の結果、実際にどのような防衛法制の体系が構築されているのかについての検討が新たな視点を提供するように思われる。

また、法理論的な視点としては、防衛法、とりわけ防衛作用法の特質をどのように把握するか論点となろう。これまでの伝統的行政法学は行政と国民との関係如何という観点から「内部関係」、「外部関係」に区分し、それぞれを規律する法規範を「組織法」、「作用法」と捉えてきた(56)。このような区分を前提とするならば、それでは防衛作用法はこれまで説かれてきたところの「作用法」、「組織法」のどちらに区分されるのか、疑問が生じる。なぜなら、防衛作用は国民の権利義務にさしあたり直接影響を及ぼさないという意味での「法治主義」の原理が妥当しない領域と考えられるからである。つまり、防衛作用法を伝統的行政法学が説くところの「作用法」に分類することの困難性が認められるのである。このような視点からの防衛法(学)の独自性、あるいは方法論に関する真剣な検討が必要である(56)。

防衛法制をどのような法形式で構成するか（言い換えれば法規範構成の権限をどの国家機関に配分するか）については以上のような法理上の観点の他、政治学や行政学上の知見（例えば文民統制、安全保障の実効性確保のあり方等）をも加味した上で結論付ける必要があるように思う。

我が国の防衛法制は、今後も法律という法形式で詳細に律する「ポジ・リスト」方式をとるのか、アメリカ合衆国のように行政（大統領）に大幅な裁量を与える「ネガ・リスト」方式をとるのか、早急な検討が必要であろう。その具体的な解答は、本稿筆者自身の今後の検討課題でもある(58)。

（1）　拙稿「『領域警備』に関する若干の考察――防衛作用と警察作用の区別に関する一試論――」防衛法研究第二六号（二〇〇二年）一三九頁〜一六一頁参照【本書第Ⅳ論文】。

（2）　ここ数年の間に発生した安全保障上の諸事案は次のとおり。『平成一七年度防衛白書』四二四頁以下参照。

一　我が国が直接当事者となった事案

平成一〇年（一九九八年）八月	北朝鮮のミサイル発射事案
平成一一年（一九九九年）三月	能登半島沖で発見された不審船舶に対する海上警備行動の発令
平成一三年（二〇〇一年）一二月	奄美大島沖での不審船舶と海上保安庁巡視船との銃撃戦

平成一六年（二〇〇四年）一一月	中国潜水艦の領海侵犯に対する海上警備行動の発令

二　我が国を直接当事者とするものではないが我が国の安全保障に影響のあった事案

平成八年（一九九六年）九月	北朝鮮の小型潜水艦から乗員が韓国侵入
平成一〇年（一九九八年）一二月	北朝鮮半潜水艇韓国侵入・韓国軍撃沈
平成一一年（一九九九年）六月	北朝鮮警備艇・韓国警備艇銃撃戦
平成一三年（二〇〇一年）九月	米国同時多発テロ
平成一三年（二〇〇一年）一〇月	米英軍アフガニスタン攻撃開始
平成一五年（二〇〇三年）三月	米英軍等イラク攻撃開始

（3）　ここ数年にとられた法整備等は次のとおり。

平成一二（二〇〇〇年）一二月	治安出動に係る防衛庁・国家公安委員会との協定改正
平成一三年（二〇〇一年）一一月	海上保安庁法改正 自衛隊法改正（警護出動、施設防護のための武器使用、治安出動下令前の情報収集の際の武器使用、治安出動時の武器使用強化、海上警備行動の武器使用強化、秘道保全罰則強化） テロ対策特措法成立
平成一五年（二〇〇三年）七月	イラク人道復興支援特措法成立
平成一五年（二〇〇三年）六月	武力攻撃事態対処関連三法の成立
平成一六年（二〇〇四年）六月	事態対処法制関連七法の成立

（4）　新正幸教授は、新正幸「緊急権と抵抗権」樋口陽一編『講座憲法学一、憲法と憲法学』(日本評論社・一九九五年）において、「緊急事態に対する必要最小限の法制は不可欠である。そのためには、平常時の憲法とは別に、その例外をなすもう一つの憲法、すなわち緊急事態憲法が必要である。」（二三一頁）との認識のもと、これまでなされてきた「有事立法（有事法制）研究」（二二八頁）には批判的な見解を示される。特に、我が国の有事法制検討が「構成要件的『厳格規定型』」を指向している」（二三二頁）点を批判されるところは傾聴に値するものと思われる。

新教授によれば、かかる「構成要件的『厳格規定型』」では「現代の危機には対処不適合であること、またそれが平常時の憲法体制に無限に侵食する危険をはらむ」（二三一頁）とされる。ここで「構成要件的『厳格規定型』」とは、ドイツの緊急事態憲法のような、「その時点で想定可能なあらゆる対外的・対内的緊急事態を網羅的かつ詳細に規定するもの」（二二二頁）を指す。新教授はヘッセに依拠しつつ、緊急事態憲法を「厳格規定型」の他、「憲法沈黙型（規律放棄型）」「中間型（一般授権型）」に類型化され、「中間型（一般授権型）」が「最も妥当な制度化のモデル」（二二四頁）とされる。新教授が批判される「厳格規定型」とは、本稿において後に論じる防衛法制における「ポジ・リスト」型と類比し得るであろう。

（5）　色摩力夫・小室直樹『国民のための戦争と平和の法』(総合法令・一九九三年）一二六頁。なお、色摩教授には小室直樹氏との共著で『国家権力の解剖』(総合法令・一九九四年）があり、軍隊と警察の違いについて詳細に論じられている。本稿では、色摩教授の著作として『国民のための戦争と平和の法』を用いる。

（6）　色摩・小室・前掲注（5）一二七頁。

（7）　色摩・小室・前掲注（5）一二八頁。

(8) 色摩・小室・前掲注(5)一二八~一二九頁。
(9) 色摩・小室・前掲注(5)一三九頁。
(10) 百地章『憲法の常識　常識の憲法』(文春新書・二〇〇五年)一二八頁。
(11) 第一五一回国会安全保障委員会第八号(一三・六・一四)石破議員。
(12) 第一五六回国会安全保障委員会第六号(一五・五・一六)石破防衛庁長官。
(13) 須藤陽子「比例原則」法学教室第二三七号(二〇〇〇年)二〇頁参照。なお③説を支持する学説に関し、柳瀬良幹『行政法講義』(良書普及会・一九五一年)六一~六三頁、同『行政法講義(四訂版)』(良書普及会・一九七五年)五九~六二頁、高木光「比例原則の実定化」『現代立憲主義の展開　下』(有斐閣・一九九三年)二二八頁それぞれ参照【本書二〇二~二〇七頁参照】。
(14) 拙稿・前掲注(1)一五四頁参照。
(15) ホッブズは『リヴァイアサン』において次のように述べる。「反乱した臣民たちに対する害は、戦争の権利によってなされるのであって。刑罰としてではない」。ホッブズ著/水田洋訳『リヴァイアサン(2)』(岩波文庫・一九六四年)二二九頁(引用に際しては一九九二年第一八刷改訳を用いた。なお、水田氏は **Punishment** の訳語に「処罰」を当てているが、ここでは「刑罰」とした。**Punishment** と **acts of Hostility** の違いをより明確にするためである。**Leviathan** の原書テキストは **C.B.Macpherson** 校訂による **Penguin Classics** を用い、**p.356**、**p.728**、を参照した)。
この点、菅野喜八郎博士は次のように説かれる。「『確立された国家の権威を故意に否定する臣民』、『反逆者』のみが臣民たるを已め、『自然状態に回帰して』国家の敵と化し、『反逆者は、先行する法によって処罰される特権を失う』ことになるというのが、ホッブズの考えではあるまいか。『確信犯的犯罪者』であっても、例えばホッブズの時代の決闘者のように、国家の権威を全面的に否定する者でないならば、彼と国家との間には自然状態・戦争状態は発生しない、彼は依然として国家状態に在って臣民でありつづけ刑罰権の対象に止まる、というのがホッブズの真意ではないかと私は解している」。菅野喜八郎「単眼ホッブズ論」『抵抗権論とロック、ホッブズ』（信山社・二〇〇一年）二三三頁、菅野喜八郎「ホッブズの抵抗権？」同一八六〜一八七頁及び一九三頁注（3）参照。

また、ホッブズ理解に関し、長谷部恭男『憲法とは何か』（岩波新書・二〇〇六）において看過し得ない記述があったので問題点を指摘しておきたい。長谷部教授は、「自然状態を抜け出して国家を設立すべきことを説いたホッブズは、国家が個人に死を要求しうるとは考えない。そもそも、国家が設立されたのは、生命の危険から逃れるためであった。したがって、戦いの最中、命を失う恐怖から敵前逃亡するものは、『不名誉』に振る舞っただけであって、不正を行ったわけではない。臣民たちは主権者に、戦うよう強制されることはない。」と。

しかしながら長谷部教授のホッブズ理解には問題がある。まず、「臣民は主権者に、戦うよう強制されることはない」との記述であるが、これが認識命題とするならば偽なる命題であることは明らかである。次に、仮にこの箇所を当為命題「強制されるべきではない」と読替えたとして、かかる当為命題をホッブズ自身が唱えたか、といえばこれも否定されなくてはならない。すなわち、ホッブズは「徴兵」を認めているのであり、ホッブズ自身の考えに則せば長谷部教授の理解は成り立たない。

この点ホッブズは次のように説く。「コモン―ウェルスの防衛が、武器をとりうるすべてのものの援助を、ただちに必要とするときは、各人が義務づけられる。なぜなら、かれらが維持する意図も勇気ももっていないコモン―ウェルスの設立は無駄になってしまうからである」（水田訳・前掲注（15）九七〜九八頁。Leviathan,chap.21, p.270. なお訳は水田訳に必ずしも従ってはいない）と。ホッブスが「徴兵」を認めていることは明らかである。また、長谷部教授が「不正を行ったわけではない」と記述されている箇所であるが、ここで「不正」ではない、と言うのは神との関係で「不正」ではない、というに止まると解することが適当である。つまり、如何なる動機による敵前逃亡も、当該逃亡者（臣民）と主権者との関係では「徴兵」の義務は効力を有し続けるのであるから、当該敵前逃亡は、主権者との関係では違法であり処罰を免れることはできない。が、神との関係では「不正」ではない、というに止まる、と解することがホッブズの主張であると思われる。ホッブズは「人がかれの良心に反してすることは、すべて罪である」という命題は「かれ自身を善悪の判定者とするというおもいあがりに、もとづくのである」（水田訳・前掲注（15）二四二頁、Leviathan,chap.29,pp.365-366）と断じ、さら「コモン―ウェルスで生活するものはそうではない。……なぜなら法が公共的良心であるからである」（水田訳・前掲注（15）二四三頁、Leviathan,chap.29,p.366.）と主張し、臣民（国民）に法の良否の判断権はないとしているのである。したがって、ホッブズの論理に従えば世俗において徴兵拒否や敵前逃亡が許されることはないのである。菅野・前掲注（15）一六三～一六四頁、同一七二頁注（28）、同一七三頁注（29）、同二三三頁、同二四〇～二四三頁参照。

（16）　自衛官の武器使用に関する根拠において、刑法三六条（正当防衛）、三七条（緊急避難）の要件援用がたびたびなされるが、小針司教授による次のような批判がある。例えば自衛官が武器使用する際の刑法三六条の「急迫不正の侵害」とは「自衛官個人にとっての侵害か」、それとも例えば「武器等の防護のための武器の使用」（自衛隊法九五条）に基づくものであれば「防護すべき武器等にとっての侵害か」あるいは「国家の防衛作用にとっての侵害か」等、明らかではないと。小針司『続・防衛法制研究』（信山社・二〇〇〇年）一六七～一六八頁参照【本書一六七～一七二頁参照】。

（17）　橋本靖明・合田正利「ルール・オブ・エンゲージメント（ROE）――その意義と役割――」防衛研究所紀要第七号第二・三合併号（二〇〇五年）一～三〇頁。

(18) 小針教授は次のように説かれる。「対外的防衛、より限定していうならば、対外的軍事作用（戦争）やそれに使用される兵力（軍隊）の指揮をもって明確に『行政』に含める見解に遭遇することはついにできなかった。」小針司『防衛法制研究』（信山社・一九九五年）一三七頁。

(19) 杉村敏正『防衛法』（有斐閣・一九五八年）八三頁。

(20) 塩野宏「法治主義の諸相」『法治主義の諸相』（有斐閣・二〇〇一年）一三一～一三二頁。

(21) 柳瀬良幹『行政法講義（四訂版）』（良書普及会・一九七五年）四二頁。

(22) 佐藤幸治『日本国憲法と「法の支配」』（有斐閣・二〇〇二年）七九頁。

(23) 佐藤・前掲注(22)七七頁。

(24) 阪本昌成「議院内閣制における執政・行政・業務」佐藤・初宿・大石編『憲法五十年の展望Ⅰ』（有斐閣・一九九八年）二五七頁。

(25) 山中倫太郎「日本国憲法における『行政権』の概念と国の防衛――論争の更なる展開に向けて――」防衛法研究第二九号（二〇〇五年）二五頁。

(26) 山中・前掲注(25)二五頁。

(27) 安田寛『防衛法概論』（オリエント書房・一九七九年）六一頁。

(28) 山中・前掲注(25)四九頁。なお、山中講師は、憲法六五条と憲法七三条のそれぞれの「行政」の違いに着目して論じられているが、六五条の行政の対比で用いられるべきは、正確には七二条の「行政各部」の行政である。この点森田寛二教授の所論をもとに若干論点となる事項を指摘しておきたい。

先に指摘したように、六五条の『行政権』の英語表記は executive power である。他方七三条の「一般行政事務」の英語表記は general administrative functions である。この点森田寛二教授による次のような指摘がある。すなわち、executive power=general administrative functions、「行政権」＝「一般行政事務」との把握である。森田教授は「一般行政事務」の「一般」とは、通常使用される「普通」の意味ではなく、「全体的要請」を、また、英語表記 general も of the whole kind のラテン語に由来するとそれぞれ理解され、かかる理解に基づき「行政権」＝「一般行政事務」（executive power=general administratrive functions）と把握される（森田教授の説は、「行政権（六五条）」＝「七三条各号の事務＋他の一般行政事務」と解される）。したがって、憲法六五条の「行政」executive と対比すべきは同七二条の行政各部 various administrative branches で言うところの「行政」administrative であろう。山中講師は六五条の行政と七三条の行政を対比させているが正確な対比ではないと思われる。六五条の「行政権」の行政の対比で用いられるべきは七二条の「行政各部」の行政ということになる。その他森田教授の所論から「執政」を導出するためには「一般行政事務」に「執政」概念を読み込むことが可能か否かによると思われる。森田教授の所論と執政権説との親和性等の有無等については今後の検討課題としたい【本書五八頁注（31）参照】。森田寛二『行政機関と内閣府』（良書普及会・二〇〇〇年）一九～三六頁、同八九～九一頁参照。同『行政改革の違憲性』（信山社・二〇〇二年）一～一五頁参照。

(29) 山中・前掲注（25）五一頁。なお、いずれにせよ、山中講師が指摘されるように、「故・安田教授と小針司教授の間で交わされた対話の成果は、憲法・行政法・防衛法の研究にとって貴重な蓄積となることは、確かである」（五三頁）し、山中論文それ自身、安田・小針論争を深化させる貴重な成果であろう。

(30) 阪本・前掲注（24）二六一頁。なお、「執政権」肯定説に対し否定論を展開される高橋和之教授は次のように主張される。「行政権に否定されるのは、究極的に法律の根拠を提示し得ない行為である。そういった行為を憲法のみを根拠に、『行政権』の名において正当化するのは許されないのである」。高橋和之「立法・行政・司法の観念の再検討」『現代立憲主義の制度構想』（有斐閣・二〇〇六年）一三三頁。この高橋教授の解釈の前提には教授特有の「国民主権」と「国会」の間の結合観があり、当該「国民主権」・「国会」観を前提に、当然、わが国統治機構において中心となる国家機関は「国会」であるべきと断定され、したがって、法律に基づかない行政作用は認められないと主張される。しかしながらこのような「国民主権」・「国会」観は極めて一面的な理解なのではなかろうか。この点、次の藤田宙靖前最高裁判事の所論は参考にされるべきであろう。「日本国憲法における国会の具体的な位置付けを見ても、同四一条は、『国会は国権の最高機関』であり、また、国の唯一の『立法機関』である、と定めているのみであって、国会の意思があらゆる国家行為の『源』であるとは定めていない。……『法律の留保』の原則の妥当範囲の問題は、必ずしも明治憲法と日本国憲法との憲法構造の違いによって一義的に解決され得る問題ではなく、むしろ『国民主権』の原理そして『議院内閣制』の組織構造等を考慮に入れた上で、立法権と行政権の合理的な機能配分はどのようにあるべきか、という見地から、柔軟に解釈されて然るべき問題なのではなかろうかと考えられる。……およそ行政権の行使が『民主的』であるかどうかという問題は、理論的に詳細に見れば極めて多義的な側面を持つ。……『行政権は、内閣に属する』と日本国憲法によって定められ（六五条）そして日本国憲法それ自体は『日本国民の総意に基づいて』制定されたものなのであるから（憲法前文参照）、このことからしても既に、現行憲法の下では、行政権の行使はそれ自体、民主的正当性を備えたものであることになる。しかもわが国憲法が採用する議院内閣制によって、このような正当性は、一層強められたものとなっている」。藤田宙靖『第四版行政法I（総論）〔改訂版〕』（青林書院・二〇〇五年）八三〜八四頁。なお、阪本・前掲注（24）二六八頁注(66)参照。

(31)　阪本・前掲注（24）二一一頁。

(32)　阪本・前掲注（24）二六一頁。大石眞教授も「『行政権』は、単なる法律の『執行』にとどまるわけではない。それは、諸外国で『執政』といわれる作用に相当し、少なくとも外交・防衛その他国政上の基本的な政策決定とその実行を含む」と説かれる。大石眞『憲法講義Ⅰ〔第二版〕』(有斐閣・二〇〇九年)一七九頁。

(33) 本稿のように解することが可能であるためには、自衛隊の存在が合意でなければならないが、これまでの自衛隊違憲論とは異なる次の新教授の厳しい批判が予想される(新正幸「憲法の欠缺と憲法改正のけじめ」比較憲法学研究第八号(一九九六年)一〇~二七頁)。新教授は現行憲法九条一項が「自衛戦争」あるいは「自衛のための武力行使」を禁止せず、同二項も「自衛戦力」あるいは「自衛のための必要最小限度の実力」の保持もまた禁止していないとしても、当該戦力あるいは実力を現実に保有するか否かは「別個の事柄」(一七頁)であり、「その組織及び作用の基本については、憲法上の根拠規定を必要とするのではないか、ということである。ここで問題なのは、それが『戦力』に該当するかどうか、『戦力なき軍隊』であるかどうかではなく、比較憲法的にみて一般に『軍隊』と呼ばれている客観的な実体であって、近代諸国の諸憲法がそれを憲法上定礎し、憲法の一つの構成要素として組み込み、それに対する統制の仕組みを考案してきた立憲主義憲法の普遍的原理なのである。」(一七頁)と指摘される。また、「法律による補充の限界」(一九頁)の観点から現状の我が国の状況につき、「警察予備隊令による『憲法簒奪』は、新たに保安庁法によって、より拡大されて、法律による『憲法簒奪』へと受け継がれた。自衛隊法(および防衛庁設置法)は、その明確かつ拡大された形で『憲法簒奪』の継続に他ならない。」(二二頁)、したがって、「それは、内容以前に、憲法改正の『専属的所管事項』を侵害しているが故に、違憲である。」(二一頁)と評される。ここで「憲法簒奪」とは、本来憲法改正によらなければならない事項について、憲法改正をえず法律をもって実質的に憲法を変更することをいう(一一~一二頁参照)。なお、松浦一夫「わが国の防衛法制における『立憲主義』の欠落?」比較憲法学研究第八号(一九九六年）一二七～一四四頁参照。

(34)　山中・前掲注（25）五三頁。

(35)　新正幸『憲法と立法過程』（創文社・一九八八年）二四五頁。

(36)　新・前掲注（35）二四六頁。

(37)　新正幸「法律の概念」大石眞編・石川健治編『ジュリスト増刊　憲法の争点』（有斐閣・二〇〇八年）一九七頁。

(38)　新・前掲注（35）二四八頁。

(39)　勝山教子「国権の最高機関」高橋和之・大石眞編『ジュリスト増刊　憲法の争点（第三版）』（有斐閣・一九九〇年）一六九頁。なお、勝山教子「国権の最高機関」大石・石川編・前掲注（37）一九五頁参照。

(40)　百地章「『国務を総理する』の意味」大石・石川編・前掲注（37）二三五頁。

(41)　堀内健志「英・仏国における『統治』概念・覚書」弘前大学人文社会論叢（社会科学編）第九号（二〇〇三年）一四〇頁。

(42)　堀内健志「政令の所管事項」高橋・大石編・前掲注（39）二一五頁。なお、堀内健志「政令の所管事項」大石・石川編・前掲注（37）二三九頁参照。

(43)　現行憲法のもと、内閣の「執政権」を論拠に防衛法を形成し得る権能を内閣に認めた場合、現在議論されている防衛庁の「省昇格」に際しては次のような理論的な論点が生じ得る。現在防衛庁は防衛庁設置法二条に基づき内閣府の外局として位置づけられ、また内閣府自身は内閣府設置法二条の規定により内閣に置かれていることから、防衛庁は内閣府の外局としてではあるが内閣に置かれている組織と解され得る（ただし、内閣府設置法三条二項及び同法四条三項の規定から疑問も生じ得る）。したがって、内閣府に置かれた防衛庁の事務について、「執政」の一部を構成し得るものと解することが可能となる。しかしながら、防衛庁が「省昇格」した場合には、「内閣に置かれた」組織ではない「行政各部」（憲法七二条）となり、その場合、「防衛省」が行う事務は基本的には内閣と切り離されたものとなることから「執政」ではなく、単に法律を執行する行政事務と解される余地が生じる。防衛に係る事務を「執政」と位置づけることが適当であるならば、防衛庁の「省昇格」に際しても、組織法上の位置づけに関し一定の考慮が必要になるように思われる。例えば、内閣が「執政権」を根拠に防衛法を形成することが仮に可能であるとしても、その際には、防衛に関し内閣を補佐する機関が必要となり、それは「行政各部」ではなく、何らかの形で内閣に置かれる機関が担任することが適当ではないのか、との疑問が生じ得る。ただし、防衛に係る事務の全てが「執政」であるとも解されないことは先に指摘したとおりである。立法論として言えば、防衛に係る事務を「内閣（執政）」と「行政各部」に分配し、それぞれの事務（あるいは事務の補佐）を遂行する機関を別に設けることも考えられる。例えばフランスにおいては、首相の補佐機関として文官、武官あわせて七〇〇名規模の「国防事務総局」が、他に軍に関する事務を所管する「軍隊大臣（国防大臣）」が置かれていると言う。安田寛「フランス」防衛学会編『新訂世界の国防制度』（第一法規・一九九一年）九六〜九七頁参照。また、防衛庁を省に昇格させた場合、「防衛省設置法」上の主任の大臣は防衛大臣となると考えられる一方、自衛隊法七条には「内閣総理大臣は、内閣を代表して自衛隊の最高の指揮監督権を有する」の規定があることから、自衛隊法七条の規定に基づく内閣総理大臣の自衛隊に対する指揮監督権と防衛省の主任の大臣である防衛大臣の権限との関係あるいは事務の分配につき、一定の整理が必要になるのではなかろうか。防衛庁の省昇格の問題は、内閣、内閣総理大臣、主任の大臣、安全保障会議、自衛隊部隊等、それぞれの組織法上の位置づけ、とりわけ自衛隊部隊に対する指揮命令のあり方及び指揮命令権者に対する補佐のあり方等について、今一度再考を促す機縁になるように思われる【本書第I論文参照】。
(44)　訳は、阿部照哉・畑博行編『世界の憲法集（第三版）』（有信堂・二〇〇五年）一〇頁に従った。
(45)　橋本・合田・前掲注（17）三頁。
(46)　橋本・合田・前掲注（17）二三頁。
(47)　橋本・合田・前掲注（17）二四頁。なお、ここでNCAとは、National Command Authority の略であり、橋本・合田論文では「国家中枢」と訳されているが、一般に大統領、国防長官等、文民である軍の最高幹部の総称を意味する。
(48)　橋本・合田・前掲注（17）二五頁。なお、ここで(S)ROEとは、Standing ROE の略であり、「標準交戦規定」と訳され、統合参謀本部が策定するROEを意味する（同上五〜六頁参照）。
(49)　訳は、阿部・畑編前掲注（44）八頁に従った。
(50)　エルマ・J・マホーネイ／西修訳「政軍関係に関するアメリカの憲法構造」防衛法研究第三号（一九七九年）一一八頁。
(51)　西修訳・前掲注（50）一二九頁。
(52)　「戦争権限法」に関してはさしあたり浜谷英博『米国戦争権限法の研究』（成文堂・一九九〇年）、宮脇岑生『現代アメリカの外交と政軍関係―大統領と連邦議会の戦争権限の理論と現実―』（流通経済大学出版会・二〇〇四年）参照。なお、会田弘継『戦争を始めるのは誰か』（講談社現代新書・一九九四年）によれば連邦議会の権限とされている「宣戦布告」（一条八節一一項）の起草に際して「議会に『戦争開始』の権限を与えては、迅速な対応ができないという意見はもっともだったので、マディソンとゲリーが妥協案を提示した。『戦争を開始する（make war）』とあるのを『宣戦を布告する（declare war）』として、それを議会の権限としよう。突然攻撃を受けた場合には直ちに軍を用いて反撃してもよい権限を、大統領に残しておこう。」(六九頁)という議論があったとされる。

(53) 訳は、阿部・畑編前掲注(44)一六〇頁に従った。

(54) ノルウェーにおいては「勅令」を根拠に(ただし当該「勅令」は未見である)「平時におけるノルウェー国領域への外国軍艦及び軍用機の入域に関する規則」(国防省訓令・一九五七年)が、デンマークにおいては「平時におけるデンマーク国領域侵犯の排除に関する件」(国防省令・一九五五年)が制定され、これらを根拠に対領空侵犯措置等を実施している。いずれも議会制定法である法律を介在させていない。

(55) 訳は、阿部・畑編前掲注(44)一九五、二〇七頁に従った。

(56) 藤田宙靖『行政組織法』(有斐閣・二〇〇五年)四頁参照。

(57) 小針司「防衛作用(部隊行動・権限)と法律による行政──特に法律の留保と関連づけて──」西修他『我が国防衛法制の半世紀』(内外出版・二〇〇四年)二二六〜二三二頁参照。

(58) 本稿は、小針教授の「自衛隊のもつ組織・作用上の特色に十分意を払った防衛法制の体系的・網羅的な構築こそが緊要な課題といえよう」との指摘に影響を受けている。小針司『防衛法概観』(信山社・二〇〇二年)八九頁。また、本稿においては直接言及することができなかったが、防衛法制にかかる国家機関間、とりわけ行政・国会間の所管配分のあり方検討に際しては、堀内健志教授の次の一連の著作が有益な視点を提供するものと思われる。堀内健志『ドイツ「法律」概念の研究序説』(多賀出版・一九八四年)、同『立憲理論の主要問題』(多賀出版・一九八七年)、同『続・立憲理論の主要問題』(信山社・一九九七年)。

Ⅲ　自衛隊法八四条の意義に関する若干の考察

「攻撃は最大の防御なり」「攻撃なくして勝利なし」これは真理である。少なくとも軍隊においては、この精神が優先する。ただし、これが硬直して柔軟性を失い、教条主義、馬鹿の一つ覚えとなってくると、問題は別である。

小福田晧文『指揮官空中戦』

一　はじめに

自衛隊法八四条（以下「八四条」という。）は、「防衛庁長官は、外国の航空機が国際法規又は航空法その他の法令の規定に違反してわが国の領域の上空に侵入したときは、自衛隊の部隊に対し、これを着陸させ、又はわが国の領域の上空から退去させるため必要な措置を講じさせることができる」と定めている。いわゆる「領空侵犯に対する措置」（以下「領空侵犯措置」という。）の規定である。

この規定については、従来、国会等において、武器使用の可否の問題として論じられてはいる。しかしながら、これまでの議論は理論的に不十分であるように思われる。八四条が定める領空侵犯措置における武器使用の可否を論じるためにも、その法的性質について、理論的に解明されるべき問題がある。

このような状況のなか、航空自衛隊のOBであり、簡易裁判所判事としての経験を有する絹笠恭男氏は、「領空侵犯措置の法的考察(1)」と題し、領空侵犯措置に関する法的問題を国際法及び国内法双方の法領域ごと詳細に論じられた。しかし、絹笠氏の領空侵犯措置の法的性質についての理解及び八四条の解釈には納得できないものを感じた。具体的には第一に、法治主義の概念把握であり、第二に、八四条の根拠規範性を否定することによる武器使用否定論である（したがって、絹笠氏の国際法的側面からの所論は本稿の検討対象ではない）。

そこで本稿は、法理論的に問題点を含んでいると考えられる絹笠氏の所論を批判的に検討し、さらには八四条の意味内容の解明を目的とする。ただし、八四条は、公法学の全体像を踏まえた防衛作用の法的性質一般に関する知見がなければ正しく解釈できないようにも思われる。したがって本稿は、八四条の法的性質を検討対象の中心とするが、覚書として位置づけられるものである。将来、より精緻な解釈論を展開したいと考えている。

なお、以下の傍点は、すべて本稿筆者のものである。

二　法治主義と領空侵犯措置

絹笠氏は、八四条による領空侵犯措置においての武器使用は違法であると断ぜられる。武器使用が否定されるのか否かの結論は措き、ここでは、絹笠氏の武器使用否定の根拠の一つであると考えられる「法治主義」の用法が妥当か否か、という視点から、「法治主義」概念を明らかにすることにより、問題点を指摘しようと思う。

絹笠氏は、八四条に基づく武器使用は違法であるとし、次のように述べられる。

このような解釈（八四条に基づく武器使用合法説）が許されるならば、近代国家の基本原則である法治主義原理が形骸化され、行政専断の専制主義国家に堕落することになろう(2)（括弧内本稿筆者）。

しかしながら、領空侵犯措置という、主として他国の外国軍用機を対象とする国家作用につき、法治主義を援用して批判することが適当かどうか疑問が生じる。

絹笠氏は「法治主義」の概念を具体的に記述せず、つまり明らかにせずにこの言葉を用いている。したがって、絹笠氏が「法治主義」をどのように捉えていたかは不明ではあるが、そもそも対外的国家作用である領空侵犯措置に関し、「法治主義」をもって八四条に基づく武器使用合法説を批判することは問題であるように思う。

そこで、「法治主義」概念を明確にし、氏の法治主義の用語法の不適切さを示したいと思う。

一　法治主義概念と領空侵犯措置

法治主義という言葉の由来はあまり明らかでないようである。この点塩野宏教授は「美濃部先生の造語、あるいは美濃部先生ではない、ほかの方かもしれませんが、日本人の造語であるようです(3)」と述べられる。しかし、法治主義概念につき、塩野教授は、「……法治主義というのは、直接には法律による行政の原理のこと、とりわけ法律の留保を問題としている主義であるということになります[4]」と明確にされる。塩野教授によれば、法治主義とは、「法律による行政の原理」と言い換えられ、それは特に「法律の留保」との関係が重要になるとされる。

それでは、公法学において、「法治主義」や「法律による行政の原理」なる言葉がいかなる意味内容を持つのか、次に見ることにする。

柳瀬良幹博士は、法治主義について次のように述べられる。

> 法治主義の原則の内容は……、一言に言えば、行政が国民の権利義務について作用するのは法律にその旨の規定がある場合に限り、且つ法律の規定通りでなければならぬとするのがその内容である[5]。
>
> 法治主義の第一且つ根本の内容は、国民の権利義務について新たな規律を定めることは国会の立法のみができるその専権に属することであると言わねばならぬ。……国民の権利義務関係に何等関係のない事実上の作用は別として、いやしくも国民の権利義務関係に関して新しいことをすることはすべて立法として国会の議決を経ることを要し、そう

でない行政は、ただ立法の定めたところを具体的場合に実現することだけで、立法の定めのない新しいことは何事もできないことにするというのが、法治主義の第一の且つ最も根本の内容である(6)。

塩野教授も法治主義概念について、「行政権が私人、国民の権利、自由を侵害するときのあり方を問題にしているわけです(7)」と述べられる。

柳瀬博士、塩野教授の所説からも、法治主義とは、「国家（行政権）」と「国民（私人）」との関係において成立しうる概念であることが指摘できる。すなわち、法治主義とは、「国家（行政権）」が「国民（私人）」に対し、権利義務関係に変動を及ぼしたり自由を侵害するような場合には、必ず法律の根拠がなければならない、という原則を言うのである。とすれば、「防衛庁長官」と「自衛隊の部隊」との関係及び「国家（自衛隊）」と「外国航空機（軍用機）」との関係を律する八四条に基づく領空侵犯措置における武器使用否定の論拠として、「法治主義」を援用することは語の用法に反する。なぜなら領空侵犯措置は国民の権利義務関係に変動を及ぼさないからである。絹笠氏は、「法治主義」を誤って用いていると言えるのではないか。柳瀬博士、塩野教授の法治主義概念から、絹笠氏の領空侵犯措置における武器使用否定論の論理の問題性が指摘できる。

柳瀬博士、塩野教授双方の法治主義概念の前提にあるのは、国民の権利義務に変動を及ぼすようなものと、国民の権利義務とは無関係の作用という、国家作用の区別である。柳瀬博士は、これらを次のように例示される。

例えば発明の登録があったり、納税の命令があったりすると、それに依って国民は特許権を得たり、納税の義務を負うたりするが、国が自分の所有地に自分の資材で学校や郵便局を作ったような場合には、成程国民はそれによって便利になったり不便になったりするという事実上の利益不利益は受けるが、格別権利を得たり義務を負うたりすることはない。従ってこの後の方の作用は、法律的に見る限りは、風が吹いたり雨が降ったりするのと同じことで、法律上は一応無視して宜しいもので、憲法が立法とか司法・行政とかいうのも、また専ら前の方の話である(8)。

柳瀬博士は、国民の権利義務に関係しない国家作用は「一応」という限定付きではあるが、「法律上無視しうる国家作用」であると説明される。また、繰り返すが、塩野教授も指摘されるように、法治主義の問題とは、通常、「私人の権利、自由を侵害する、つまり、不利益を与えるには、法律の根拠を要する(9)」ことを意味する。

つまり、領空侵犯措置という国家作用は、内部的には長官と自衛隊の部隊とを拘束し、外部的には外国航空機（実際は主として外国軍用機）に対する作用であり、これら双方の作用とともに、国民の権利義務関係に変動を及ぼすものではない。そうであれば、領空侵犯措置は、「法治主義」とは、さしあたり次元を異にする法的性質を有する国家作用であると言えるであろう。

もっとも、「法治主義」（法律による行政の原理）は、「法律の留保の原則」、「法律の優位の原則」及び「法律の法規創造力の原則」という三つの原則からなると一般には説明される。しかしながら、藤田宙靖教授が指摘するように、「法律の法規創造力の原則」とは「法律の留保の原則」の一内容と理解されるのである。

> この原則（法律の法規創造力の原則）はつまり、国民の権利・義務に関する行政立法は、法律の授権無しに行われてはならない、ということを意味（し）……この原則は、理論的には法律の留保の原則の一部内容を成すものというべきであろう[10]（括弧内本稿筆者）。

また、「法律の優位の原則」について言えば、この原則は、およそ行政活動は法律に違反して行われてはならない、ということを言うもので、ある意味自明の理を説くに過ぎない。したがって、「法治主義」の最たる論点は、先に引用した塩野教授の指摘にあるように、「法律の留保の原則」とされてきたのであり、この原則は、「国民（私人）の権利、自由の保障」

という、自由主義的観点からの要請に基づくものであると言えるのである。

「法治主義」の問題とは、以上のようなものであるということを踏まえた上で、絹笠氏が法治主義なる言葉を使用しているのか疑わしい。

また、軍事行事の法的性質に関する小針司教授の次の指摘は、領空侵犯措置の法理を考察する上で重要であるように思われる。すなわち、

軍隊による行動も対内的か対外的かでその法的性格を異にし、それぞれ適用されるべき法及び妥当すべき法理に違いが生じる。すなわち、たとえ軍隊による行動であっても、対敵行動とは異なる領土内における暴徒鎮圧のための対内的軍隊作用は原則として治安維持作用であり、したがってその実質は警察作用といえる。かくして、警察法の適用をみ、また警察比例の原則等の原則……が妥当する。しかしながら、自国領土内であれ、国際法上の交戦者たる敵正規軍に対する軍隊の（対外的行動）は戦時国際法の一つである交戦法規の適用をみる。……このように軍隊の行動における対内外性の相違が適用法規の違いに対応する(11)。

小針教授は、領空侵犯措置については直接触れられてはいないが、軍隊の行動においても、それが「対内的作用」なのか「対外的作用」なのかで適用法令及び法理に違いが生じること

を指摘されている。本稿筆者なりに整理すれば、例えば、自衛隊法で規定している「治安出勤」は、国民に対する作用であるから、法治主義又は法律の留保の原則に依り、その権限行使には法律の根拠が必要となる。一方、自衛隊法で規定している「防衛出勤」は、外国軍隊に対する対外的作用であるから、その適用法令は国際法であり、国内法理である法治主義の原理は妥当しないものと考えられる（ただし、自衛隊法一〇三条に規定する「防衛出動時の物資等の収用」のような国民の権利義務に変動を及ぼす作用は、当然法治主義原理が妥当するから、法律による授権が必要となる）。このように言えるならば、小針教授の所説からも、領空侵犯措置は、対内的作用ではなく対外的作用であるから、国内法理である法治主義と領空侵犯措置とは無関係であると考えられる。

この点につき、長年防衛庁において法制の実務に携わってこられた宮崎弘毅氏は、領空侵犯措置の根拠である八四条になぜ武器使用の規定が表現されていないのか、という疑問に対し、次のように説明されるのである。

外国の武装部隊（軍用機、軍艦、武装船舶を含む。）は、日本国内法の管轄外にあり、これらに対する処理は国際法に基づかなければならない。……自衛隊法に規定する自衛隊の権限は、日本の国内法の管轄下にあるものに対する権限であって、八九条、九〇条（いずれも治安出動時の権限）、九二条二項（防衛出動時の公共の維持のための権限）、九三条（海上における警備行動時の権限）、九五条（武器等の防護のための武器使用）の武器使用の規定は、日本国内の管轄下にあるものに対する警察急状権の規定である(12)

宮崎氏の所説中、海上における警備行動における対象が必ずしも「国内の管轄下」にあるわけではないことは注意を要するであろう。平成一一年三月二四日に発令された海上における警備行動は北朝鮮の工作船に対するものであり、当該工作船が「わが国の管轄下」にないことは明らかである。それは措き、宮崎氏の所説は、小針教授の所説同様、自衛隊の活動が対内的国家作用であるのか、対外的国家作用であるのかの違いが重要なポイントであり、このことが自衛隊法の規定の仕方に違いが現れていると主張されるものである。宮崎氏の所説を合理的に再構成すれば、国民の権利義務に関係する作用には法治主義の原理が妥当するのであるから、このような作用については、武器使用等を授権するため、授権規範を自衛隊法に定める必要が生じるのである。したがって、領空侵犯措置のような「わが国国内法の管轄下」にない外国航空機に対する措置権限を特段、自衛隊法第七章「自衛隊の権限」に規定する必要はない、ということになる（したがって、領空侵犯措置における武器使用の可否は、自衛隊法六章に規定する八四条の解釈如何による）。宮崎氏も、上述した柳瀬博士、塩野教授の「法治主義」理解を前提に自衛隊法を解釈されていると言えるであろう。

さらに、次の塩野教授の指摘は極めて重要である。塩野教授は、自衛隊の任務中、「国民の権利義務に関係しない」活動は、「法治主義」の問題ではないとし、湾岸戦争時における自衛隊機の「湾岸危機に伴う避難民の輸送に関する政令（平成三年政令八号）」が法律の委任を越えているか否かについての議論につき、「法治主義」との関連性に疑問を呈される。

この問題（上記政令の問題）を法治主義の諸相の一環として持ち出したのですが、実は私はこれが法治主義の問題なのかという点について、疑問を持っております。……法治主義というのは、行政権が私人、国民の権利、自由を侵害するときのあり方を問題にしているわけです。明治憲法以来、通説はそういう理解で、立法実務もそういうものとして、これを動かしてきているわけです。いわゆる委任立法の問題も、私人の権利義務に関係する法規について委任の限界を論ずる、そういった論理構成になっているわけです。ところで、自衛隊の海外派遣、特に避難民の輸送に関する法律、政令は、私人の権利義務に直接関係するものではありません。……自衛隊の活動の一環としての難民輸送となると、どうも、古典的な意味での法治主義そのものの問題ではないように思われます。むしろ、法律的論点の提示としては、伝統的な法治主義という形ではなく、文民統制の一環としての国会の統制といった観点から捉えるべきではないでしょうか[13]（括弧内本稿筆者）。

対国民との関係という観点から見れば、自衛隊による避難民輸送も、領空侵犯措置も、その論理構造に変わりはない。すなわち、塩野教授が指摘されるように、国民の権利義務に直接関係しない避難民輸送が法治主義の問題でないのであれば、領空侵犯措置も同様に、法治主義の問題ではないと考えるべきであろう。

したがって、絹笠氏が「法治主義」を援用して領空侵犯措置の武器使用否定する論法は、ミスリーディングであると言える。仮に、「法治主義」を「法律の優位」の意味で用いているのならば、八四条を内在的に解釈した結果、武器使用は認められないと主張すべきであって、具体的な解釈論無しに「法治主義原理が形骸化される」と述べられても理解は得られないであろう。同様、次に批判の対象とする絹笠氏の八四条の法的性質を論じる箇所においても問題性が認められる。氏は、八四条を内在的に解釈することなく、「組織規範」か「根拠規範」が論じ、根拠規範性を否定するのである。

〈二〉八四条は純粋な組織規範か

以上、絹笠氏の法治主義の用法の問題性を指摘したが、次に問題となるのは、塩野教授の言葉を借りれば「文民統制の一環としての国会の統制」である八四条が解釈上、如何なる意味を有するかである。

法治主義とは、「国民の権利、自由の保障」という自由主義の観点からの問題の捉え方であることを先に指摘したが、領空侵犯措置が法治主義とは異なる次元のものであるからといって、武器使用等の権限に関し直ちに「法律の根拠」が必要無い、ということにはならない。なぜなら、国会による行政統制には、自由主義的観点からの「法治主義」あるいは「法律の留保」の問題とは別に、「民主主義的観点」からの要請に基づくものがあり、さしあたり国民の権利、自由の保障に関わらないものであっても、政治的に重要な事項については行政は恣意的に権限行使をしてはならない、という議論があるからである。したがって法治主義の問題ではないからと言って、「法律の根拠」がいらないとは直ちには言えないのである。法律による授権の必要性は、現在では法治主義以外の観点からの考察も必要となってきている。

「文民統制」の問題が一般の「行政統制」の問題に還元できるか否か、さらには、本来的に領空侵犯措置が法律事項として必要か否かは措き、現行法制下においては、領空侵犯措置の根拠は八四条であることは疑いようがない。

八四条は、まさしく、国会が防衛庁長官に授権した条文であるから、本条文の解釈を抜きにして、その権限範囲、就中、武器使用の可否を論じることはできない。

そこで、絹笠氏の八四条解釈の問題点を指摘しつつ、私見を述べたいと思う。

絹笠氏は、八四条は「組織規範」であり、「根拠規範」ではないから、当然、武器使用は許されないと主張される。一般に根拠規範の問題は、従来、「国民（私人）の権利義務関係に変動を及ぼすような行政活動には、組織規範のみに基づいてはそれはなし得ず、さらに根拠規範が必要である」という、上述した「法治主義」との関係で問題にされてきた。しかしながら、先に述べたように、現在においては、自由主義的観点からの法治主義の問題とは別に、民主主義的観点からの行政統制の一環としての根拠規範の必要性が語られ得るのである。

以上のことを踏まえ、具体的に絹笠氏の所説を見てみる。

絹笠氏は次のように述べられる。


我が国の立法慣例を踏まえて我が国の領空侵犯措置規定（隊法八四条）を眺めるならば、第六章の職務（任務）の章に規定されているだけで第七章の権限規定の章には、これに関連した規定は存在しない。このことは、自衛隊機には領空侵犯の任務は付与するが、侵犯機がこれに応じない場合でも、武器を使用してまで領空から退去或いは強制着陸させるべき強制的手段を与えないという国家意思と解されざるを得ない(14)。現行法領空侵犯措置任務においては、武器使用の権限規定がないことから、「その職務行為として武器使用はできない」ということである。そして、自衛隊法第七章の「自衛隊の権限」の定めの中に、特に領空侵犯措置に対応する武器使用権限規定を設けなかったということは、立法意思として「領空侵犯措置の職務を遂行する上において、武器を使用してはならない」ということを黙示的に示されたものと捉えなければならない(15)。

絹笠氏の武器使用否定論の要旨は以上であるが、さらに「領空侵犯措置における武器使用を肯定する説」（以下「肯定説」という。）を批判される。そこで絹笠氏自身の肯定説の紹介を見てみよう。

自衛隊法八四条の「領域上空から退去させるため必要な措置」には武器使用の権限を含むし、その「必要な措置」の中には撃墜も含むと解釈できるから、特に武器使用の権限を設ける必要はない(16)。

そして次のように批判されるのである。

しかし、先にも見たとおり自衛隊法が、第六章の職務規定を受けるかたちで第七章に権限規定の章目を設けているのに、領空侵犯措置についてだけ職務規定を拡大解釈して武器使用権限も含めていると解釈することは余りにも無理な解釈である(17)。

さて、絹笠氏の所論を批判しようと思うが、その前に、若干の用語の整理を行う。絹笠氏は、「職務(任務)規定」及び「権限規定」という用語を使用されているが、これらはそれぞれ、「組織規範」及び「根拠規範」に対応するものであろう(18)。このような対応関係は、絹笠氏自身が警察法及び警察官職務執行法(以下「警職法」という。)をそれぞれ「職務(任務)規定」、「権限規定」に該当するものであると論述されていることからも妥当性あるものと言えるであろう。一般に、警察法は組織規範、警職法は根拠規範であるとされているからである(ただし、後で述べるように、警察法二条の根拠規範性が語られ得る)。

上述のように絹笠氏は、肯定説を「無理な解釈」であると厳しく批判される。そして、その論拠を、自衛隊法の章区分に求める。すなわち、自衛隊法六章は「職務(任務)」を規定し、同法七章は「権限」を規定していると主張される。事実、自衛隊法六章は「自衛隊の行動」、七章には「自衛隊の権限」と書かれている。ここから絹笠氏は、「自衛隊の行動」と記述されている六章の各条項から自衛隊の具体的権限を引き出すことは法的論的に不可能である、ということを主張されているようである。その前提には、自衛隊法六章は「行動」のみ、七章には「権限」のみを規定しているとの認識がある。そして、八四条を解釈するに際しては、この章の区分を重視すべきであると主張される。そうすると、八四条は、自衛隊法六章に置かれているから、職務（任務）規定、すなわち組織規範にすぎないのであり、したがって組織規範にすぎない八四条を直接根拠とする武器使用は違法と言うことになる。自衛隊法七章には、領空侵犯措置に係る権限は定められていないからである。これが絹笠氏の武器使用否定論の論理である。

以上のような絹笠氏の解釈論の特異性は、条文の文言内容を一切検討することなく、条文が法律上、どの章に配されているかを最重要の解釈枠組みとしている点にある。確かに既に述べたように自衛隊法は、六章を「自衛隊の行動」、七章を「自衛隊の権限」としてはいる。しかしながら、条文を解釈する際、当該条文が法律体系の中で、どの章も配されているかどうかということは、解釈枠組みとして無意味ではないにしても、それに決定的な重要性を与えることは解釈方法として問題があるように思う。なぜなら、ある規定が根拠規範であるのか否かは基本的にはその条文の意味内容を総合的に解釈した結果、認識されるのであり、章の配置からア・プリオリに当該条文の法的性質が決定されるわけではないからである。八四条が六章「自衛隊の行動」と題される章に配されているからといって、直ちに根拠規範としての法的性質を否定することはできない。根拠規範であるか否かは条文解釈の結果判断されるべきである。

絹笠氏の解釈の方法上の問題性は、警察法の解釈にも現れる。

行政機関に即時強制的権限を与えるためには、職務（任務）規定のほかに、そのための特別に権限規定を設けなければならない。例えば警察法第二条において警察機関に治安維持のための職務規定が設けられているが、その職務執行のための強制的権力を行使するため別に警察官職務執行法を設けているのである(19)。

絹笠氏が言うように、直接国民の権利を制限する作用である即時強制するための根拠規範は、警職法であり、警察法二条を根拠に即時強制はなし得ない、と通常は解釈されている。しかし、警察法二条が組織規範としての性質のみを有しているか否かは別の問題である。絹笠氏は、警察法二条の根拠規範性に関して言及されていないが、おそらく否定されるのであろう。しかしながら、判例には警察法二条の根拠規範の性質を認め、次のように論じるものもある。

警察法は組織法であって同法二条一項は個々の警察官の権限を規定したものではなく、

単に警察の所掌事務を定めたに過ぎないとする見解もあるが、同条項は、組織体としての警察の所掌事務を定めるとともに、警察がその所定の責務を遂行すべきことも規定したものであって警察官にとって権限行使の一般的根拠となり得るものと解するを相当とする[20]。

このように、警察法二条については、組織規範であると同時に、根拠規範としての機能を有するという解釈も、十分に成り立つ。条文を具体的に解釈せず、ア・プリオリに警察法は組織規範であり警職法は根拠規範であるとは必ずしも言えない。

したがって、自衛隊法を解釈するに際しても、六章は組織規範の体系、七章は根拠規範の体系であると断じる必然性はない。条文解釈においては、その規定内容から、当該条文の法的性質を引き出す必要がある。このような作業を行うことによって、ある条文が組織規範なのか、あるいは根拠規範なのか判断できる。

以上のように、絹笠氏の八四条解釈には、方法上の問題が認められる。解釈方法に問題がある以上、その結論である武器使用否定論を直ちに認めるわけにはいかない。正しい解釈の結果から武器使用の可否は認識し得る。

次にしなければならないのは、八四条の精緻な解釈論である（もとより、本稿は覚書の域を出ないが)。そこで、八四条の解釈を行うにあたっては、絹笠氏が否定された八四条の根拠規範性が認められるのか否か、認められるとすれば「裁量」の問題として、法律は如何なる範囲で長官(自衛隊)に授権しているのか、ということを検討する必要がある。結論を先に述べれば、八四条には根拠規範性が認められる。また、さらに根拠規範性が認められるとして、その「裁量」の範囲如何の問題は、通常、司法審査の対象になるか否かの問題として論じられる。つまり、行政機関の行政行為であっても自由裁量行為である場合には当該行政行為は司法審査の対象とならない、というように。領空侵犯措置は講学上の行政行為ではないから、司法審査の問題とは切り離して、実際の授権の範囲という、純粋に法的準則のあり方について考察することとしたい(21)。

三　八四条の解釈論の展開

一　八四条の根拠規範性

八四条の規定をもう一度見てみよう。

防衛庁長官は、外国の航空機が国際法規又は航空法その他の法令の規定に違反してわが国の領域の上空に侵入したときは、自衛隊の部隊に対し、これを着陸させ、又はわが国の領域の上空から退去させるため必要な措置を講じさせることができる。

以上を見れば、この規定から根拠規範性を見いだすことは困難ではない。

例えば、他の法律で、根拠規範と認識されている条文を次に掲げてみよう。

（風俗営業等の規制及び業務の適正化等に関する法律二五条）

公安委員会は、風俗営業者又はその代理人等が、当該営業に関し、法令又はこの法律に基づく条例の規定に違反した場合において、善良の風俗若しくは清浄な風俗環境を害し、又は少年の健全な育成に障害を及ぼすおそれがあると認めるときは、当該風俗営業者に対し、善良の風俗若しくは清浄な風俗環境を害する行為又は少年の健全な育成に障害を及ぼす行為を防止するため必要な指示をすることができる。

上記風営法二五条の根拠規範としての性質を否定することはできないであろう。この条項は、公安委員会は当該条項で示した要件にあたる場合には、風俗営業者に対し「必要な指示をすることができる」と規定している。このような規定が一般に根拠規範性を有するとされるのであるが、それは、どのような論理に基づくのであろうか。すなわち、そもそも組織規範とは何であり、根拠規範とは何を意味するのか明らかにする必要がある。筆者は本稿註(18)で、塩野教授の組織規範及び根拠規範の概念規定を掲げたが、ここでは、組織規範と根拠規範とを対比させ、それぞれの法的性質を述べられた、藤田宙靖教授の次の説明が理解しやすいであろう。

（根拠規範としての性質を有するということは、組織規範として）いわゆる「行政の内部関係」において行政機関相互間をのみ拘束するに止まるのではなく、「行政の外部関係」においても、対私人との関係においても法的拘束力を持つものである、ということを意味するものと言って良いであろう(22)（括弧内本稿筆者）。

藤田教授によれば、組織規範は、「行政の内部関係」を拘束する規範であり、根拠規範は、「行政の外部関係」を拘束する規範であるとされる。ただし、「行政の外部関係を拘束する規範」のうち、「対私人との関係」という限定が付けられるが。

風営法二五条が根拠規範であるということは、公安委員会は、要件を満たす場合に、風俗営業者たる私人に「必要な指示をすることができる」権限を有することを意味する。すなわち、この規定は「行政の外部関係」を拘束しているのであるから根拠規範性が認められる。

では、八四条は、根拠規範としての意味を有するのか。八四条は、「行政の内部関係」のみを規定しているわけではない。「防衛庁長官は、自衛隊の部隊に対し、必要な措置を講じさせることができる」を定めるのであるから、大臣に命ぜられた自衛隊の部隊は、外国航空機に対し「必要な措置」を講じ得る。この「必要な措置」は「外国航空機」という「行政の外部」を対象とするのであるから、「行政の外部関係を拘束する規範」であると認められ得る。したがって、八四条を組織規範としての性質に限定して解釈し、根拠規範性を否定することはできない。

八四条は、組織規範として「長官と自衛隊の部隊との関係」を定め、かつ根拠規範として外国航空機に対する「必要な措置を講じる権限」を授権しているわけである。すなわち、八四条は、組織規範としての性質を有するとともに、根拠規範としての性質をも有するのである（ただし、伝統的行政法学が言うところの「内部関係」、「外部関係」の区分は、基本的には先に論じた法治主義又は法律の留保の原則を前提にしての区分である。したがって、法治主義の妥当範囲外である領空侵犯措置という対外的作用を根拠付ける八四条の法的性質を論じるにあたって、「内部関係」を律するのか「外部関係」をも律しているのかをとりたてて論じる意味があるのか疑問も生じる。軍事、防衛作用を根拠付ける法規範とその作用をどのように捉えるべきか、今後検討する必要があるように思う）。

二 領空侵犯措置は自由裁量か羈束裁量か

上で論じたように、八四条には根拠規範性が認められるのであるが、どのような内容を授権しているのであろうか。八四条は自由裁量を認めたものなのか、羈束裁量を認めたに過ぎないのかが問題となる。

市原昌三郎教授は「自由裁量」及び「羈束裁量」について次のように説明される。

従来、判例・学説は、……裁量行為を……分かって羈束裁量（法規裁量・合法性の裁量）の行為と自由裁量（便宜裁量・合目的性の裁量）の行為とし、羈束裁量は、法が一義的な定めをしていないために、解釈上裁量の余地があるようにみえても、それは行政庁の自由な判断に一任する趣旨ではなく、そこには客観的には法の準則が存在し、そこでの裁量は、何が法であるか、すなわち法の解釈適用に関する法律的判断についての裁量であり、したがってその裁量の過誤は、その行為を違法ならしめ、司法審査の対象となるとし、これに反して自由裁量は、法自体が行政行為の準則を定めることをせず、行政行為を行政庁に一任している場合であり、したがって、この場合に裁量の過誤は、行政行為を違法ならしめるものではなく、ただそれが行政目的・公益目的に適合するか否か、すなわち、当不当の問題を生ずるにすぎず、その意味で、司法審査の対象たりえないとしている(23)。

すなわち、裁量を全面的に行政庁に一任しているか否かが、「自由裁量」あるいは「便宜裁量」か「羈束裁量」あるいは「法規裁量」かを決定する判断基準となる。

また、「自由裁量（便宜裁量）」か「羈束裁量（法規裁量）」かをめぐる昨今の学説及び判例動向について、原田尚彦教授は次のように述べられる。

現在の学説の大勢は、法律で許容されている裁量判断の内容に着目し、要件の認定であれ処分内容の決定ないし処分実行の決断であれ、その判断が通常人の共有する一般的な価値法則ないし日常的な経験則に基づいてなされる場合には、そうした判断は、裁判所の判断をもってもっとも公正とみるべきであるから、羈束裁量と解すべきだとする。だが、法律が行政庁の高度の専門技術的な知識に基づく判断や政治的責任をともなった政策的判断を予定している場合には、法は最終決定の選択・決断を行政庁の責任ある公益判断に委ねていると解されるから、かかる判断は例外的に便宜裁量と扱うべきであるとする。判例もほぼ同旨の見方をしてきた(24)。

市原、原田両教授の説明に基づき、八四条は自由裁量を認めたものであるのか、羈束裁量を認めたものであるのか検討する。

八四条は、「外国の航空機が国際法規又は航空法その他の法令の規定に違反してわが国の領域の上空に侵入したとき」防衛庁長官は、自衛隊の部隊に対し、「必要な措置を講じさせることができる」と規定する。領空侵犯か否かという状況に関する要件は、「外国航空機が国際法規等に違反してわが国領空に侵入したとき」であるが、これらの要件の認定は、それほど困難ではないであろう。例えば、我が国の許可なく、外国軍用機が領域の上空、すなわち侵入した場合には、国内法の側面としては、例えば、次のような法令違反を構成する。「出入国管理及び難民認定法」、「航空法」、「航空の危険を生じさせる行為等の処罰に関する法律」、「銃砲刀剣類所持等取締法」等である。国際法の側面では、「領空主権」が認められているおり、無害通行権が認められている船舶とは異なり無害通行権を有しない外国航空機の領空侵犯は国際法違反と評価される(25)。ただし、領空の垂直的な範囲、限界については学説上争いがあり、実定国際法上も確定していないという。しかし、領空の主権性それ自体に疑いは生じない(26)。領空侵犯措置の対象機の多くは外国軍用機でもあり、国際法・国内法違反の認定はそれほど困難ではない。したがって、この要件の認定にあたって裁量の余地はあまり問題とはならないであろう。領空侵犯か否かは、対象外国機が違法に領空内に侵入したかどうかという事実認定によってなされ得る。したがって、裁量問題として、論点となるのは、八四条の文言から言って、措置内容に関する要件である「必要な措置を講じさせることができる」の意味、就中、「必要な措置」の意味であろう。

八四条で言う「必要な措置」の判断は、先に引用した原田教授の所説に従えば、「通常人の共有する一般的な価値法則ないし日常的な経験則に基づいてなされる」判断であるのか、「行政庁の高度の専門技術的な知識に基づく判断や政治的行政的責任をともなった政策的判断」であるのかが論点となる。前者であれば羈束裁量であり、後者であれば自由裁量である。

結論を先に言えば、八四条は自由裁量を認めているものと解するのが妥当であろうと思う。なぜなら、領空侵犯措置は、「行政庁の高度の専門技術的な知識に基づく判断や政治的行政的責任をともなった政策的判断」に基づくものだからである。以下説明する。

八四条に基づき自衛隊が行う領空侵犯措置は、次のような体制、要領で実施される。航空自衛隊は、全国二八カ所のレーダー・サイトにおいて常続的に警戒監視を行い、七カ所の航空基地ではいつでも対処し得るよう二四時間体制で要撃機が待機についている。さらに、レーダー・サイト及び要撃機を指揮統制する四カ所の防空指令所が三沢、入間、春日、那覇の各基地にあり、これらのシステム全体により領空侵犯措置体制が構築されている。領空侵犯措置は、このような複雑なシステムから構成された部隊行動からなり、「措置」それ自体は、特に軍用機の場合には、対象機の国籍、機種、搭載兵器、領空侵犯目的、スピード等を要素とする脅威の度合いや国際情勢等を勘案し的確に実施されなければならない。国際情勢等の判断を誤れば無用な国際上の摩擦を惹起しかねないし、あるいは、わが国の国益が侵される可能性も否定できない。

以上のような措置体制により、様々な判断要素を考慮して実施される八四条の「必要な措置」は自由裁量を認めたものと解するのが妥当であろう。

また、「必要な措置を講じさせることができる」の「できる」も自由裁量か否かが問題となる。つまり、「する」、「しない」が防衛庁長官の「自由裁量」かどうかである。

三　「必要な措置」及び「できる」の意味

八四条の「必要な措置」が自由裁量を認めたものであると解することが妥当であると指摘したが、自由裁量といえども、その措置には一定の枠が存在する。すなわち、「措置を講じる」ことができるのは「必要」があるからであり、この「必要」の要件を充足する必要がある。「必要な措置」と称して、権限を恣意的に行使してはならない。

また、八四条の「必要な措置を講じさせることができる」の「できる」の裁量範囲、すなわち、「する」、「しない」の裁量問題も論点となることは先に指摘したとおりである。

そこで、「必要な措置」が恣意的が権限行使とならないために、これまで自由裁量の問題として問われた判例を概観（a、b、c）し、さらに、「できる」の意味が問われた判例をdにおいて概観する。これら判例を八四条の解釈枠組みの手がかりにしようと思う。

ア　判例概観

a　旅券法一三条一項五号で定める「著しく且つ直接に日本国の利益又は公安を害する行為を行う虞があると認めるに足りる相当の理由がある者」に該当するとして、共産圏諸国行きの旅券発給が拒否された事件で、最高裁は、「国の外交政策ないし政治的判断に密接な関係を有する」として行政庁の裁量を認めた（最判昭三三・九・一〇民集一二巻一三号一九六九頁、最判昭四四・七・一一民集二三巻八号一四七〇頁）。

b　いわゆるマクリーン事件において最高裁は、「出入国管理令二一条三項に基づく法務大臣の『在留期間の更新を適当と認めるに足りる相当の理由』があるかどうかの判断の場合についてみれば、右判断に関する前述の法務大臣の裁量権の性質にかんがみ、その判断が全く事実の基礎を欠き又は社会通念上著しく妥当性を欠くことが明らかである場合に限り、裁量権の範囲をこえ又はその濫用があったものとして違法となる」と判示した。法務大臣の裁量権の性質とは、「在留期間の更新事由が概括的に規定されその判断基準が特に定められていないのは、更新事由の有無の判断を法務大臣の裁量に任せ、その裁量権の範囲を広汎なものとする趣旨からであると解される。……法務大臣は、在留期間の更新の許否を決定するにあたっては、……申請者の申請事由の当否のみならず、当該外国人の在留中の一切の行状、……など諸般の事情をしんしゃくし、時宜に応じた的確な判断をしなければならないのであるが、このような判断は、事柄の性質上、出入国管理行政の責任を負う法務大臣の裁量に任せるのでなければとうてい適切な結果を期待することができないものと考えられる」（最判昭五三・一〇・四民集三二巻七号一二二三頁）とした。これは法務大臣の裁量を認める根拠として「総合的政治的価値判断の要素(27)」を認めるものである。

c　伊方原発事件について最高裁は、「右審査（原子炉施設の安全性に関する審査）においては、原子力工学はもとより、多方面にわたる極めて高度な最新の科学的、専門的技術的知見に基づく総合的判断が必要とされるものであることが明らかである。……右各号（核原料物質、核燃料物質及び原子炉の規制に関する法律二四条一項三号及び四号）所定の基準の適合性については、各専門分野の学識経験者等を擁する原子力委員会の科学的、専門技術的知見に基づく意見を尊重して行う内閣総理大臣の合理的な判断にゆだねる趣旨と解するのが相当である」（最判平四・一〇・二九判時一四四一巻三七頁）と判示した。

d　法律が行政機関に裁量を与えている場合には、その権限を行使するか否かは、当該行政機関の判断に委せられるとされてきた（行政便宜主義）。しかし、ある一定の条件のもとでの裁量権限の不行使（不作為）は違法とする判例が現れてきた。例えば、警察官のナイフ一時保管懈怠事件がある（その他、同様事例に新島漂着砲弾爆発事故事件（最判昭五九・三・二三民集三八巻五号四七五頁）がある）。

最高裁は、「同法（銃砲刀剣類所持等取締法）二四条の二第二項の一時保管の規定は、警察官に権限を付与した規定であって、この権限を行使するかどうかは警察官の第一次的判断に委ねられているということができる。しかし、国民の安全を維持することは近代国家の成立以来最も基本的な国の責務とされてきたところであり、現行警察法も、警察は個人の生命、身体の保護に任じ、……公共の安全と秩序の維持に当たることをその責務とすると規定しているのである。特に、銃砲刀剣類等については、我が国は一部の外国とは異なり、護身、防御の目的であっても一般国民がけん銃、小銃のみならず、刀、飛出しナイフまでも所持携帯することを刑事罰をもって厳禁し、実際の運用においてもこの違反に対し厳しい刑事罰が科せられているのである。……このような法制と運用を考慮すると、……警察官は本件ナイフを一時保管すべき義務があったというべきであり、これを怠り本件ナイフを携帯したままAに帰ることを許した行為は原告に対する関係でも違法と言わねばならない」（最判昭五七・一・一九民集三六巻一号一九頁）として、国賠法一条一項に基づく大阪府の賠償責任を認めた。

イ 八四条における裁量要素

以上概観したように、判例が裁量を認めるにあたっては、各種判断要素の必要性を根拠としている。すなわち、「外交政策又は政治的判断」、「総合的政治的価値判断」、「科学的、専門技術的知見に基づく合理的な判断」等の各種判断要素の必要性を根拠として裁量を認めていることが判明する。行政庁の裁量を認めるといっても白紙委任的にあるいは根拠無しに認められるわけではない。さらに、dで紹介した「警察官のナイフ一時保管懈怠事件」においては、通常では自由裁量が認められても、ある条件の下では裁量がゼロに収縮し、行政庁に一定の作為義務が生じる場合があると説示した。いわゆる裁量権零収縮論である。すなわち、「できる」と規定されていても恣意的に「する」、「しない」を決定してはならないということである。本件の場合は、「個人の生命、身体の保護に任じ、……公共の安全と秩序の維持に当たる」という「近代国家の成立以来最も基本的な国の責務」に照らし、銃刀法に基づく裁量が収縮し、警察官の保管義務が生じると言う。したがって、八四条に基づく領空侵犯措置においても、裁量権が収縮し、一定の作為義務が生じる可能性は否定できない。

さて、以上概観した判例を参考に、問題提起の意味で、粗雑ながら領空侵犯措置における裁量要素について私見を述べてみようと思う。

第一に、「警察官のナイフ一次保管懈怠事件」で最高裁が裁量権零収縮論を導いた根拠である、「近代国家成立以来最も基本的な国の責務」、「警察の責務」は、領空侵犯措置においても参照されるべきであろう。まず、自衛隊の任務は、自衛隊法三条で「自衛隊は、わが国の平和と独立を守り、国の安全を保つため、直接侵略及び間接侵略に対しわが国を防衛することを主たる任務とし、必要に応じ、公共の秩序の維持に当たるものとする」と定められている。この自衛隊法三条が定める任務は「近代国家成立以来最も基本的な国の責務」と解されることから、領空侵犯措置においても、「わが国の平和と独立」を侵害する程度が、「必要な措置」を決定するため重要な裁量要素になるものと考えるべきであろう。また、領空侵犯措置は、空域における領域主権確保の最後の手段である、ということも忘れてはならない。

第二に領空侵犯機の領空侵犯目的が、この実質的な侵犯程度を見極める上で重要になる。この点、軍用機の領空侵犯の目的に関する、城戸正彦教授の次のような類型化が参考となる。すなわち、(1) 偵察目的の領空侵犯、(2) 亡命目的の領空侵犯、(3) 軍事行動にともなう領空侵犯、(4) 天候不良・エンジン故障・航法ミスなどによる領空侵犯(28)。これらの目的の相違が脅威認定にあたっては重要な観点となる。「軍事行動にともなう領空侵犯」と「エンジン故障等による領空侵犯」では、脅威の判定が異なるのは当然である。つまり、これらを判断にあたっては「専門技術的知見に基づく合理的判断」が求められる。

第三に、わが国を取り巻く国際環境や国際関係を考慮する必要があろう。例えば、同盟国である米国の軍用機による領空侵犯と、ロシア、中国、北朝鮮等の軍用機による領空侵犯では、対処が異なるであろう。また、対象国による違いだけではなく、その時々の国際情勢、政治的、軍事的な緊張の度合いも裁量要素となるであろう。「外交政策又は政治的判断」が求められる。

第四に、領空侵犯措置は軍用機、民間機を問わず実施されるが、この違いは、措置自体に大きな影響を及ぼす。特に、民間機に対する武器使用は、裁量の範囲を超えたものと解すべきであろう。また、軍用機においても、それが戦闘機なのか爆撃機なのか、機種は何か、速度はどの程度か、武装内容は何か等が、判断要素となるであろう。

第五に、領空侵犯措置は、自衛隊法という国内法に基づくものであるが、「国際法にも沿ったものでなくてはならない(29)」。

四 八四条に基づく武器使用は認められるか

以上のように、八四条は、自由裁量を認めたものと解されるのであるが、武器使用の権限も内包するものであろうか。以下、この点について論じる。

国際法学者、筒井若水教授は、国際法上の視点から次のように述べられ、領空侵犯措置における武器使用を正当なものであるとされる。

国際法上、諸国の「平時的」慣行の示すところによれば、発砲そのものは違法視されていないというのが正当であろう（筒井教授の「発砲」と本稿で言う「武器使用」は同義である）(30)。

したがって、領空侵犯措置における武器使用は国際法の枠内にあるものと言える。

それでは、国内法理として、八四条に基づく武器使用は認められるであろうか。先に指摘したように、八四条は防衛庁長官の自由裁量を認めたものと解される。したがって、「わが国の平和と独立を守る」自衛隊の任務、責務(31)及び空域における領域主権確保の最後の手段である領空侵犯措置の性格から、状況によっては八四条に基づく武器使用は認められると解するのが妥当であろう。場合によっては、武器使用によらなければ領域主権の確保が不可能な場合もあり得よう。例えば、防衛出動下令前において、国際情勢が緊迫し、ある国家と外交関係が断絶、当該国家所属の空対地ミサイル搭載戦闘爆撃機が、低空でわが国領域に侵入、攻撃態勢に入った場合においてまで、武器使用を抑制する必要はないであろう。このような場合は裁量権零収縮の法理から、積極的に武器使用が義務付けされることも理論的にはあり得る。ただし、権限行使の濫用は許されないのであるから、裁量要素を勘案し、適切な判断が求められる。

なお、八四条において、「着陸させ、又はわが国の領域の上空から退去させるため」という目的が規定されているから、武器使用をもって撃墜してしまっては、この目的が達成されないではないか、という疑問に対しては次のように答えたいと思う。確かにこの疑問は、文言を素直に読めば出てくるものではある。しかし、そもそもなぜ「着陸させ、又は上空から退去させる」のかと言えば、「わが国の平和と安全」を目的とする領域主権を確保するためであり、外国航空機の違法な侵入行為を排除するためである。領空侵犯機が着陸せず、又は退去を拒む場合でわが国の安全に大きな脅威を与えるような領空侵犯に対して武器使用が禁止されているとは考えられない。自衛隊の責務は、わが国の平和と安全の保持にあり、この重大責務を担う国家機関は自衛隊のみである。したがって、領空侵犯措置は空域における領域主権確保の最後の手段であること、さらには、領空侵犯機のほとんどは軍用機であり、領空侵犯の目的によっては相手からの攻撃の可能性を否定することができない等の理由から、八四条に基づく武器使用が違法であると解することはできない。「必要な措置」に基づく武器使用は適法であると解する。

四　防衛庁における裁量基準とその問題点

一　現行裁量基準

八四条の解釈論を上で述べたが、現行裁量基準はどのようになっているのか見てみる。領空侵犯措置における裁量基準は、訓令で定められているが、公開されてはいない。しかし、国会での審理等において次のような説明がある(32)。

ア　領空侵犯機に対して要撃機は無線通信により警告を発する。

イ　アが効を奏しない場合、信号射撃を実施する。

ウ　正当防衛又は緊急避難の要件に該当する場合には、武器の使用が認められる。

二　現行裁量基準の問題性
――武器使用基準としての正当防衛要件援用の問題性――

現行裁量基準（訓令）は、正当防衛、緊急避難の要件を領空侵犯措置における武器使用基準としているが、問題であるように思う（以下、便宜上、正当防衛の問題性に絞って論じる）。

なぜなら、正当防衛は、小針教授が指摘されるように「元来個人的利益の保護をその基本的な正当化根拠とする(33)」のであり、国家の平和と安全、領域主権確保のための国家行為である領空侵犯措置における武器使用の基準を正当防衛の要件に求めることは適切ではないように思われるのである。

そもそも正当防衛とは団藤重光博士に依れば「法秩序の侵害の予防を……国家機関が行いとまのない場合に、補充的にこれを許すものである(34)」。この団藤博士の所説は、小針教授の指摘と重なる。すなわち正当防衛とは私人の行為を正当化するものである。このような正当防衛の根本思想を田岡良一博士は次のように説かれる。

「個人を他の個人の違法行為から守るのは、本来社会のなすべきことである。言いかえれば、社会がそのために設けた機関の手によってなさるべきことである。しかし時として社会の機関が、違法行為の現場に居合わせないために、機能し得ないことがあり、しかも違法行為を打捨てていけば、取返しのつかぬ損害を惹起する場合がある。こういう事情の下では個人が社会機関に代って、自己又は他人の利益を護る行動をとることを認めねばならない」という思想である(35)。

さらに田岡博士は、この正当防衛の根本思想を分析すると、次の二つに分かれるとされる。

Ａ　違法行為は必ず排除されねばならぬものであり……社会の手が動かない場合には私人がこれをなすの外はない

Ｂ　しかし違法行為の排除は、なるべく社会の手によってなすのを可とする。この方が、被害者個人の手によってなすよりも、公平に且つ秩序正しく行われる利益があるからである。故にこれを原則的方法とし、個人の手によって行う方法を例外的手段とせねばならない。従って後者は、例外的手段として多くの条件によって制約を受けることになる。社会の手によってなす方は、違法行為の存在という前提だけあれば発動せしめてよいが、個人の手によってなす方は、それだけの条件では足りない(36)。

田岡博士の所説からも、正当防衛とは、私人の正当化根拠であることが判明する。正当防衛とは、本来であれば、国家機関が行わねばならない違法行為の排除を、そのいとまがない場合にかぎり、例外的に認められる私人の正当化事由に過ぎない。したがって、容易に国家機関への救助が求められる場合には、「公的な救助を求める義務」が生じるし、私人に認められた例外的手段であるから、その行使にあたっては田岡博士が指摘されるように「多くの条件によって制約を受ける」のである。

このような性質を有する正当防衛の要件を援用することは、国家機関が行う法秩序維持のための武器使用の基準には本来的になじまないであろう。例えば自衛隊法九五条で定める「武器等の防護のための武器使用」のように「自衛官は……人又は武器、弾薬……を防護するため必要であると認める相当の理由がある場合には、その事態に応じ合理的に必要と判断される限度で武器を使用することができる。ただし、刑法第三六条又は第三七条に該当する場合のほか、人に危害を与えてはならない」と正当防衛、緊急避難の要件援用を法律上明記しているならともかく、八四条には正当防衛、緊急避難の文言はない。領空侵犯措置は軍事的、政治的配慮を必要とし、複雑なシステムで構築されている体制によって実施される。したがって、このような領空侵犯措置における武器使用基準として、そもそも私人の正当化事由である正当防衛、緊急避難の要件を援用することは不適当であると考える。

また、たとえ正当防衛を武器使用の要件とする場合においても、内在的に次のような問題が生じる。すなわち、正当防衛、緊急避難の要件を判断するのは誰かが問題になる。領空侵犯措置は、上述したように大臣が定めた訓令により裁量基準が定められ、これに基づき「自衛隊の部隊」が実施するが、それは、レーダー・サイト、要撃機、防空指令所等の各種システムによってなされ、要撃機パイロットのみが実施するわけではない。

通常領空侵犯措置は、レーダー・サイトが発見した対象機に対し、防空指令所の先任管制官が「発進」、「接敵」、「無線通信による警告」、「信号射撃による警告」等の一連の措置を要撃機パイロットに指示あるいは（方面隊司令官等の指示を）伝達することにより行われる。これら措置内容及び措置手順は、訓令、航空自衛隊達（航空幕僚長が定める通達の一種）、総隊司令官若しくはその隷下指揮官である方面隊司令官等が定める達等により定められている。

領空侵犯措置における要撃機パイロットは言うなれば駒の一つにすぎず、独立の判断主体ではない。要撃機パイロットが武器使用する場合でも、当該パイロットは方面隊司令官等の命令を先任管制官を通じて受令する立場にあり、正当防衛要件についての独立の判断主体にはなり得ない。つまり、武器使用の要件として正当防衛の要件を援用するにしても要件判断主体（方面隊司令官等）と武器使用者である正当防衛行為者（要撃機パイロット）が異なるのであるから、正当防衛の要件を援用して武器使用基準とすることには無理が生じる。要件判断主体と正当防衛行為者は同一であることを刑法三六条は予定していると思われるからである。

さらに、この問題と密接に関連するが、正当防衛権行使にあたっては、一般に「防衛意思」が必要とされるが、領空侵犯措置における「防衛意思」の主体は誰かが問題となる。通常の正当防衛であれば、「防衛意思の保持者」と「正当防衛行為者」は同一である。しかし、領空侵犯措置においては、前者は「方面隊司令官等」、正当防衛行為者は「要撃機パイロット」というように分離してしまう。

以上、武器使用の要件を刑法の違法性阻却事由である正当防衛、緊急避難から援用することの問題点を指摘した。領空侵犯措置を的確に実施するためには、新たな武器使用の基準を定めることが必要であるように思う(37)。この点、本稿筆者は、本稿第3章において、武器使用基準を作成するための裁量要素について論じた。

既に論じたように、八四条は自由裁量を認めたものであると解釈できるが、具体的な措置行動にあたっては、各裁量要素を勘案し、適切な行動をとる必要がある。したがって、現行裁量基準のような簡易な基準で領空侵犯措置を行うことには問題があろう。特に現行武器使用基準における問題性は上で述べたとおりである。

また、八四条は、防衛庁長官に裁量を与えたのもであるから、長官の命令によって領空侵犯措置にあたる「自衛隊の部隊」が広い裁量を持つことは八四条の趣旨に反することになろう。さらに、八四条の解釈論とは別にシビリアン・コントロールの観点からもあまりに広い裁量を「自衛隊の部隊」に与えることは望ましくない。したがって、防衛庁裁量基準を定める現行訓令は、裁量基準をより明確にするため、他国の立法例やわが国行政法理の蓄積等を参考に再考すべきであろう。

五　その他の問題点

――領空外における領空侵犯措置――

現在、領空侵犯措置は、領空外においても実施されている。なぜなら、航空機の性能の向上、特に速度能力及び搭載兵器の性能向上等から、領空侵犯後において措置を実施しても、当該措置を適切に実施することが困難であるからである。当該措置にあたって防衛庁は、領空外の一定の範囲を「防空識別圏」として設定し（「訓令」で規定）、「自衛隊の部隊」は、領空外においても、防空識別圏内で領空に接近しつつある対象機に通告（助言）を発するため領空侵犯措置を実施している。しかし、八四条が、領空外における通告行為等を行うことを授権しているか、疑問が生じる。さらに、この「通告」を聞かず、要撃機あるいはわが国に対し敵対行為を行った場合の対抗措置（特に武器使用以外に適切な措置を講じることができない場合）が八四条を根拠に実施可能か、検討する必要がある。文言的にみれば、八四条で定める領空侵犯措置はあくまでも領空侵犯後の措置と読めるからである。領空外における措置は、特に空対地ミサイルの射程及び命中精度の向上等から、極めて必要かつ重要になってきている。

六 むすび

以上、本稿は、次のことを中心に論じた。第一に、絹笠氏の所論に疑問を呈しつつ、領空侵犯措置は「法治主義」の概念からその射程外の現象であることを明らかにし、さらに、八四条の根拠規範性を認めた。第二に、裁量論の視点から八四条の「必要な措置を講じさせることができる」の規定が防衛庁長官の自由裁量を認めたものであることを明らかにし、この自由裁量論に依拠しながら、武器使用の合法性を論じた。第三に、防衛庁が定める現行裁量基準に疑問を呈し、主に、武器使用の基準として刑法上の違法性阻却事由である正当防衛の要件を援用することの問題性について論じた。さらに、領空外における領空侵犯措置の法的問題点を指摘した。

領空侵犯措置という、「法治主義」の射程外である国家作用を国法上、如何に位置付けるかについては極めて難しい問題である。領空侵犯措置のような防衛作用を解明するためには、これまでの公法学の分野を超えて、別の原理を確立する必要性があるのではないか。

わが国公法学の蓄積を基礎として、その法概念では解明し得ない国家作用である領空侵犯措置などの防衛作用の法的性質を解明することは、防衛法学の使命であり、かつその学としての独自性が主張できる所以であると考える。

（1）航空自衛隊幹部学校『鵬友』（平成一〇年五月号）、同『鵬友』（平成一〇年七月号）。以下、七月号のみから引用する。
（2）航空自衛隊幹部学校・前掲注（1）一〇頁。
（3）塩野宏「法治主義の諸相」『法治主義の諸相』（有斐閣・二〇〇一年）一一五頁。
（4）塩野・前掲注（3）一一五頁。
（5）柳瀬良幹『行政法教科書（改訂版）』（有斐閣・一九六三年）二五頁。
（6）柳瀬良幹『行政法講義（改訂四版）』（良書普及会・一九七五年）四一頁。
（7）塩野・前掲注（3）一三一頁。
（8）柳瀬・前掲注（6）六〜七頁。ここで柳瀬博士が「憲法が立法とか司法・行政とかいうのも、また専ら前の方の話である」と述べられる三権分立観を、より精緻に分析されたのが小嶋和司博士である。曰く、「抽象的な国家に必然随伴する国家作用としては、対内的な人民支配作用と、対外的な外交作用とがある。が、三権分立の前提する国家作用に外交作用は含まれない。……というのは、三権分立は、個人の自由擁護のために国家作用配分のあり方を決するものであるから、個人に指向しない国家作用は念頭におかれていないからである。実際、立法、行政、司法という三分法は、支配が適正な法にしたがってなされるべきであるという法治主義体制の確保を目的とする。外交関係、とくに抽象的意味での対外作用は、立法による規制対象とはなりえないから、右三分法において、それは意想外の世界のものであった」。小嶋和司「権力分立と衆議院解散権」『憲法と政治機構』（木鐸社・一九八八年）一四三頁。
（9）塩野・前掲注（3）一一五頁。

(10) 藤田宙靖『第四版 行政法Ⅰ(総論)〔改訂版〕』(青林書院・二〇〇五年)五三頁。
(11) 小針司『防衛法制研究』(信山社・一九九五年)一〇七頁。
(12) 宮崎弘毅「自衛隊法領空侵犯措置規定について」防衛法研究第七号(一九八三年)一〇七頁。なお、宮崎氏は、対外的国家作用である防衛出動時の権限を規定する八八条が存在するのはなぜか、という疑問に、次のように答えられている。「第八八条は、(1)自衛隊に権限を付与する規定ではなく、国際法上自衛隊に認められている武力行使を国内法において確認した規定にすぎないこと。(2)専守防衛上防衛出動の際日本国内に侵略した外国武装部隊に対する自衛隊の武力行使が国内地域においても行われるので、国民に対して大きな影響を与えるものであるために規定したのである」。
(13) 塩野・前掲注(3)一三一〜一三二頁。この塩野教授の評価と異なる評価をされるのが和田英夫教授である。湾岸危機に伴う避難民の輸送に関する暫定措置に関する政令は、「政令への委任の範囲(自衛隊法一一七条)の限界を超えたものとして明らかに法治主義の原則に違反する」。和田英夫「自衛隊法における〈本則〉と雑則」自治研究第六七巻一〇号(一九九一年)二一頁。和田教授の法治主義概念は、塩野教授の法治主義概念とは異なるようである。
(14) 航空自衛隊幹部学校・前掲注(1)九頁。
(15) 航空自衛隊幹部学校・前掲注(1)一四頁。
(16) 航空自衛隊幹部学校・前掲注(1)九〜一〇頁。
(17) 航空自衛隊幹部学校・前掲注(1)一〇頁。
(18) 組織規範とは、「ある自然人の行為の効果を行政主体に帰属させる規範」であり、根拠規範とは、「ある行政活動を行うのに組織規範が存在するとして、さらにこれに加えて、その行為をするに際して特別に根拠となるような規範」である。塩野宏『行政法Ⅰ(第五版)』(有斐閣・二〇〇九年)七三頁。

(19) 航空自衛隊幹部学校・前掲注(1)九頁。
(20) 宮崎地判昭五三・三・一七判時九〇三号一〇七頁。
(21) 藤田教授もこの点、次のように指摘される「理論的にいえば、自由裁量行為とはあらゆる法形式の行政活動について言える筈であるが、現実には、自由裁量論は専ら『行政行為』について展開され、『(自由)裁量行為』と言えば、自由裁量を認められた行政行為(これを普通、『自由裁量処分』と呼ぶ)のことを意味してきた」。藤田・前掲注(10)九五頁注(1)。
(22) 藤田宙靖「警察法二条の意義に関する若干の考察」『行政法の基礎理論　上巻』(有斐閣・二〇〇五年)三七九頁。
(23) 市原昌三郎『行政法講義(改訂第二版)』(法学書院・一九九六年)一一〇頁。
(24) 原田尚彦『行政法要論(全訂第六版)』(学陽書房・二〇〇五年)一五四頁。
(25) 山本草二他編『標準国際法(新版)』(青林書院・一九九五年)二〇九頁参照。
(26) 領空の垂直的限界、範囲の問題は、北朝鮮によるミサイル発射事件の際、当該ミサイルがわが国の領空を侵犯したのか否かについて争いがあった。「領空」の項目において、領空の限界を次のように説明している。「(領空の)垂直的な限界については、問題が多く、いまだ決定されるに至っていない。現在のところ、地球を回る人工衛星の最低軌道あたりをもって限界とするのが一般的な了解である」国際法学会編『国際関係法辞典』(三省堂・一九九五年)七八八頁。
(27) 塩野・前掲注(18)一二九頁。
(28) 城戸正彦『領空侵犯の国際法』(風間書房・一九九〇年)六一〜二〇一頁参照。城戸教授は、この他に、「その他の領空侵犯」に関し説明されているが、ここでは、単純化するため、類型から除いた。
(29) 筒井若水「ミグ戦闘機着陸事件」ジュリスト第六三〇号(一九七七年)一四〇頁。

(30) 筒井・前掲注(29)一四〇頁。

(31) ブルクハルト(Walther Burckhardt)は、軍隊の性質につき、次のとおり述べる。「国家の決定的権力機構は軍隊である。……軍隊が国家それ自身を守るのである。……もし国家秩序それ自身が攻撃されたり、不法な力が合法な力に抵抗するなら、軍隊が国家秩序を守らなければならない」。(*Einführung in die Rechtswissenschaft*, 2. Aufl., 1948, S. 164.)

このようにブルクハルトは国家秩序維持のための軍隊の役割を重視している。ブルクハルトのこの軍隊観は、彼の法の効力(Geltung)概念と関係するように思われる。ブルクハルトは、「法秩序(又は法規範)が、ある一定の人間集団において他のすべての秩序(または規範)を排除し、法秩序自身の服従への要求を貫徹しているという事実を効力(Geltung)と言う」(*Die Organisation der Rechtsgemeinschaft*, 2. Aufl., 1944, S. 166.)、「効力(Geltung)とは、法が強大な力で貫徹されている事実である」と述べる(*Methode und System des Rechts*, 1936, S. 21.)。この、ブルクハルトの法の効力概念は、法秩序が妥当している事実、すなわち、ある法秩序が実効性を有している状態を意味する。したがって、この効力概念から、実効性確保のための(国家)権力機構の存在が重要となる。事実、ブルクハルトは「あらゆる法秩序はそれ自身国家的組織(Staatliche Organisation)を持たなければならない」(*Methode*, S. 152.)、「有効な法秩序を思考するためには、(国家的)組織(Organisation)が不可欠である」(*Organisation*, S. 177.)と述べ、法秩序(または国家秩序)が有効であるための権力機構としての国家組織の重要性を指摘する。ここに法(秩序)の効力を維持するための軍隊の役割の重要性が認められるのである。なぜなら、他国の軍隊や国内の革命勢力等の国家秩序に対する攻撃からそれを守り、法秩序の実効性を最終的に確保するのが軍隊であるから。このブルクハルトの軍隊観は、自衛隊の任務、責務を考えるうえで有益であろう。なお、ブルクハルトの法の効力概念については、菅野喜八郎『国権の限界問題』(木鐸社・一九七八年）二〇頁注（3）参照。

(32) 安田寛「領空侵犯に対する措置」防衛法研究第七号（一九八三年）四一頁。領空侵犯措置における武器使用に関し、国会において次のような答弁がある。

「領空侵犯航空機というものに対する措置は、ここに一、二の例が書いてありますように、これを着陸させるということも一つの方法であります。あるいは信号その他の方法によって領域の上空から退去させるということも一つの方法である。しかしそういうことに応じないでなお領空侵犯を継続するというような場合には、現在の国際法における通常の慣例に従いまして、場合によりましてはこれを射撃するというようなこともあり得るというふうに考えております」（二九．四．二〇衆議院内閣委員会増原政府委員）「……現時点におきましては正当防衛あるいは緊急避難というものがこの武器を使用するのに許されている範囲だという考え方はいまも持っているわけでございます。……しかしながら、この正当防衛または緊急避難という抽象的言葉だけでは、仰せのようにパイロットの判断というものはなかなか困難でございます。で、現在におきましても、航空自衛隊の内訓の中で、こういう場合には使用してもよろしいというようなことがございますが、例えば攻撃準備態勢をとったときには使用していいというような形になっております。しからば、その攻撃準備態勢というのは何かということになると、またこれもややあいまいなところがあるわけでございます」（五二．六．一一参議院内閣委員会伊藤説明員）

伊藤説明員は、内訓（訓令）の基準が曖昧であることを認めているが、そもそも領空侵犯措置における武器使用基準として私人の違法性阻却事由である正当防衛、緊急避難の要件を援用することの問題性は後述のとおりである。

(33) 小針司「個人としての武器使用と職務行為」防衛法研究第二〇号（一九九六年）九二頁。

(34) 団藤重光『刑法綱要総論（第三版）』（創文社・一九九一年）二三二頁。

(35)　田岡良一『国際法上の自衛権（補訂版）』（勁草書房・一九八一年）一一二頁。
(36)　田岡・前掲注（35）一一二～一一三頁。
(37)　ただし、「要撃機パイロット」自身の私人としての正当防衛、緊急避難は現行法制のもとでは認められるべきである。例えば、領空侵犯措置においての武器使用を方面隊司令官等が禁止したとしても、対象機の攻撃等に対する正当防衛の行使は、現行法制のもとでは私人の権利として認められるべきである。

Ⅳ

「領域警備」に関する若干の考察

――防衛作用と警察作用の区別に関する一試論

国家の行動は、個人の場合と同じように、真に国家のためであるところのものの認識に立脚しなければならないのであつて、架空虚偽の目的のためにみだりに国運を賭す如きことは、厳にこれを戒めなければならぬ。

田中美知太郎『ロゴスとイデア』

一　はじめに

本稿の目的は、いわゆる「領域警備」と観念される国家作用が如何なる性質を有するものであるかを解明することにある。その際、国家作用中、警察作用と防衛作用の性質の相違を意識しながら本稿の目的を達成しようと考えている。しかしながら、警察作用と防衛作用の概念、及びその相違を明確にするという作業は、公法学、さらには国際法学に関する体系的理解が必要であり、この点、筆者の能力、研究不足のため十分な対応ができていない。今後この方面の研究をさらに深めたいと考えている。大方からのご教示を得たい。

ところで、それではなぜ、今、「領域警備」が問われるのか。

それは一つには、ここ数年の間に発生した、わが国の安全保障に関する認識に大きな影響を与えた出来事に由来する。一九九八年八月の北朝鮮によるミサイル発射、一九九九年三月の北朝鮮によるものとみられる不審船による領海侵犯事案、さらには、二〇〇一年九月に発生したアメリカでの同時多発テロも、わが国における「領域警備」の必要性を考えさせるに十分な衝撃を与えた。

同時多発テロを機に、自衛隊法が改正され、自衛隊の施設及びわが国の米軍施設を対象とする「警護出動」（自衛隊法八一条の二）が認められるようになった。さらに決定的と思われるのは、二〇〇一年一二月に発生した、鹿児島県奄美大島沖での不審船と海上保安庁巡視船との銃撃戦である。この事件は、自衛隊に領土、領海、領空の警備を担任させる「領域警備法」制定の必要性を説く声を強めた(1)。

奄美大島沖での不審船と海上保安庁巡視船との銃撃戦で明らかなように、わが国周辺で活動している不審船はロケット砲を装備し、さらには対空ミサイルまで装備しているとの報道もなされた（『読売新聞』平成一四年六月二六日朝刊一面）。

これらの経験から、「領域警備」の現行法制度の不備に関する認識は政府レベルはもとより国民レベルにおいても共有されたように思われる。事実、『東京新聞』は、次のように報じている。

昨年の米中枢同時テロや東シナ海の不審船事件を境に、安全保障への考え方が「非常に変わった」「ある程度変わった」は計六七％。「あまり」「全く」変わらなかったとする計三〇％を大きく上回り、衝撃的な事件で国民の多くが安保問題を真剣に受け止めていることが鮮明となった(2)。

以上の問題意識とは別に、法理論上の観点から問題を捉え直すと、次のような問題が浮かび上がる。それは、主に「領域警備」の性質をどのように把握することが適切か、という問いであり、如何なる国家作用であるのか、とする問題である。本稿筆者は、この問題こそが、「領域警備」研究に決定的に不足している点であると考えている。

「領域警備」の法的問題については、様々な問題がある。例えば、自衛隊を含めてどの国家機関に担任させるべきかという問題、あるいは、どのような武器使用基準を定め、武器使用権限を当該国家機関に付与するべきか、というような点である。本稿でも検討の対象とするが、「領域警備」に関しては現行自衛隊法で十分であるとし、新たな立法は基本的に必要ないという主張がある。その主張の根底には、「領域警備」の性質を「警察作用」と捉える思考がある。筆者はこの見解に疑問を抱いている。

そこで本稿は、「領域警備」の性質を明らかにすることを主たる目的とする。「領域警備」の性質を法的に把握するという作業は、例えばどの国家機関に担任させるか、あるいは武器使用の権限を如何にするかという問題を考えるにあたっての基礎的作業であり、それらの問題を解決するための原理的視点を提供するものと考えられる。「領域警備」なる国家作用が如何なる性質を有するのかを明らかにすることが、「領域警備」の問題を解決するためのスタートになる。

次の小針教授の言葉は、「領域警備」を考える上でも妥当するであろう。

法原則の適用にとって決定的なものは、作用主体ではなく、この作用の法的性質である[3]。ただし、「領域警備」は実定法上確立された概念ではないから、その性質の解明にあたっては、理論上、国家作用中どのように位置づけるのが適切か、という角度からの検討が必要である。法に「何が表現されているか」の問題ではなく、法に「何を表現するのが適当であるか」[4]、という視点からの考察である。

つまり、「領域警備」を考察するにあたってまず重要なことは、理論上、「領域警備」なる国家作用が如何なる性質を有するのか、と言う点に関する国家作用の位置づけの解明である。そして、その際問題の中心となると思われるのが、そもそも「領域警備」とは、「防衛作用」か、それとも「警察作用」の範疇か、という問いである。そしてこの問いに答えることが非常に困難なのである。従来の議論では、ある国家作用が「警察作用」か「防衛作用」かは、当該作用の目的の相違から導かれた。つまり、「社会目的」達成のための内政の公権力（実力）作用を「警察作用」、他方、「自衛権（の行使）」を中心とする対外的な公権力（実力）作用を「防衛作用」とそれぞれ観念されてきた。では、「領域警備」はどちらの作用であると観念し得るのか。従来の見解であれば、「領域警備」は「自衛権（の行使）」ではないのであるから、「警察作用」として観念する、と分類されそうである。なぜなら、「領域警備」とは、いわゆる「戦争」とは異なる「テロ」等の事態への対応であり、「警察作用」と考えられる余地があるからである。しかしながら、実際には、「領域警備」事態に対し、例えば過去のいわゆる不審船事案でもわかるように、「警察作用」をもってしては適切に対応することは困難なのである。従来の思考法である国家作用の「目的」の相違から、当該作用の性質を把握するという論理で、「領域警備」の性質如何、と問題提起すると、解決は非常に困難となるように思われる。

以上のような問題意識に基づき、以下「領域警備」の性質に関し検討しようと思うが、まず、「領域警備」の語の下に何を理解するのか、すなわち、如何なる定義が適当なのか検討する。しかしながら、先に指摘したように、「領域警備」の概念は、わが国実定法上確立されてはいない。そこで最初に、「領域警備」の対象、つまりわが国に対して如何なる攻撃事案が想定されるのか、という事実問題に関し考察する。「領域警備」の対象が正しく捉えられなければ、適切な定義も困難となるからである。

二　「領域警備」の概念

『防衛白書』は「領域警備」の語を使用してはいないが、いわゆる「領域警備」の対象を次のように考えていると判断してよいと思われる。『平成一三年版防衛白書』は、次のように記述する。

国民の生命、身体又は財産に重大な被害が生じ又はそのおそれのある重大なテロ事件などに対しては、閣議決定により、政府としての情報連絡体制の整備や対処体制の確立などについて定めている。わが国領域への不審船の侵入や他国の工作員による重要施設への攻撃などの事案に際しても、この枠組みを踏まえ、現行制度を前提とした対処のあり方及び問題点の検討を行っている(5)。

したがって『防衛白書』は、「領域警備」の対象、つまり攻撃事案の想定として、次のものを念頭に置いていると解される。

・重大テロ
・わが国領域への不審船の侵入
・他国工作員によるわが国重要施設への攻撃

そして、これらの「実行犯」の多くは、外国人であることを指摘しておきたい。わが国領海への不審船侵入事案も外国人によるものと強く推定されるし、米国で発生した同時多発テロも実行犯は米国人ではなかった。

そこで次に、これら考えられ得る事態を踏まえた概念の構成、すなわち定義が必要となる。

この点、次の富井幸雄教授の定義は、「領域警備」の定義として、さしあたり十分なものであると思われる。

大規模テロ行為や工作船などの領海侵犯を含むわが国領土への違法な侵入であって、目的と規模あるいは装備の面において軍事色のあるものに対して、わが国の治安や法秩序を維持するために国家が実力を行使すること(6)。

「領域警備」に関し、以上の定義を念頭に、以下、論を進めたいと思う。なお、富井教授の「大規模テロ行為」は、『防衛白書』の「重大テロ」及び「他国工作員によるわが国重要施設への攻撃」を包含するものと解する。

三 「領域警備」警察作用説

通説は、「領域警備」を警察作用と捉えていると思われる。そして、その代表として、富井幸雄教授の所説があり、次のように述べられる。

領域警備は、基本的には領土（領海領空を含む）内の危険除去や法秩序維持の観点からなされるもので、警察作用である(7)。

富井教授は、「領域警備」を警察作用であると説かれながらも、自衛隊が、自衛隊法七八条に基づく治安出動により「領域警備」にあたる場合には、当該作用が防衛作用なのか警察作用であるのか一義的には決定し得ないとし、次のように述べられる。

もともと七八条の命令による治安出動は、防衛作用なのか警察作用なのかは流動的であり、警察力で対処し得ないとの視点を重視すれば、それは警察作用ということになり、治安撹乱に外国の不正規軍が関与してくると防衛出動の対象となると説かれることからも、警察作用と防衛作用の中間的色彩を払拭できないでいる(8)。

つまり、富井教授は、自衛隊法七八条は、警察作用、防衛作用双方を包含する規定であると理解されているようである。富井教授のこの見解は、以下詳しく検討するが、同教授の論理を支える重要なものである。

また、他で富井教授が、領域警備は新たな立法なしに現行自衛隊法七八条に基づく命令による治安出動により対処可能であると主張される箇所を見ると、次のとおりである。

筆者(富井教授)は、領域警備も自衛隊法七八条の命令による治安出動で法的には対処できると考える[9]。

領域警備の立法による授権以前に、現行法で領域警備の権限が行使されうると考えるのが本稿の立場である[10]。

自衛隊法七八条の治安出動で領域警備に対処できると解釈することで、今、領域警備の対応事態が発生した場合でも自衛隊が対処できるための法的根拠は存在する。……同条は防衛出動と警察作用の対象との間にあって、国家的危機に対応するための自衛隊の任務を規定したものと解される[11]。

筆者（富井教授）の見解では、命令に基づく治安出動で自衛隊の領域警備が可能であるとした[12]。

法的整備の余地があることは否定できないまでも、領域警備で論じられる事案は究極的には七八条の治安出動で対処可能なものである[13]。

富井教授の主張を整理すると、次のようになろう。

1　領域警備は警察作用である。

2　命令による治安出動を定める自衛隊法七八条は、警察作用、場合によっては防衛作用の根拠となる。

3　したがって、領域警備は本来警察作用であるから、自衛隊法七八条で対処し得る。仮に領域警備事態が、外国の軍隊が関与するような国家的危機であるものであっても、そもそも防衛作用としても機能し得る七八条の命令による治安出動で対処できる。つまり新たな立法は不要である、ということを意味する。

上記注(8)あるいは(11)で引用した箇所は、富井教授の主張の中でも極めて重要な箇所であると思われる。仮に、領域警備が、純然たる警察作用ではないとの反論があっても、そもそも命令による治安出動は、「防衛出動と警察作用の対象の間にあって、国家的危機に対応するための規定」であることから法的には問題ないと主張できるからである（ここでは、「防衛出動と警察作用の対象の間」という、はなはだ不明確な表現がみられ、防衛作用と警察作用以外の作用を観念されているようでもあるが、この点不明である。ここでは、防衛作用と警察作用双方の作用が自衛隊法七八条に認められていると解する）。この七八条の理解は、富井教授の論理を支える重要な点である。

富井教授の「領域警備」を基本的に警察作用と捉える点、及び自衛隊法七八条を警察作用でありさらには防衛作用をも包含する規定であるとする点、したがって、「領域警備」に関する新たな立法は必ずしも必要ではないとする主張には追随できないものがある。富井教授の「領域警備」の法的把握には再考の余地があると思われる。
そこで章をあらため、富井教授の自衛隊法七八条の理解の当否について検討する。

四　治安出動の性質

命令による治安出動を定める自衛隊法七八条一項は次のように規定する。

内閣総理大臣は、間接侵略その他の緊急事態に際して、一般の警察力をもっては、治安を維持することができないと認められる場合には、自衛隊の全部又は一部の出動を命ずることができる。

先程見たように富井教授は、「七八条の命令による治安出動は、防衛作用なのか警察作用なのかは流動的であり」と述べられる。富井教授は、自衛隊法七八条に基づく作用は、警察作用であったり防衛作用であったりというように、七八条の法的性質は、その対象とする事実に応じて変化すると理解されているようである。つまり、当該治安出動の対象が例えば「暴徒」であるのか「外国の不正規軍」であるのかで、七八条の解釈が変化すると理解されているようである。

しかしながら、このような条文の理解には疑問が生じる。法の認識あるいは理解は、法文の認識、理解であろう。であれば、もとより法源ではない、その規制対象である事実の如何によって法(源)の認識が変化するはずがない。

富井教授は、法文の理解から、命令による治安出動の法的性質を求めているのではなく、脅威対象、法文内容ではない、法の適用対象である事実によって法的性質を見極めようとされているのではないか。とすると、この方法は問題である。なぜなら、当該作用の法的性質は、法文の認識あるいは理解によって得られる、言い換えれば、実定法の文言を中心とした、いわゆる「法の解釈」(14)といわれる手法によって定められるべきものだからである。

もちろん解釈にあらざる立法にあたって、当該法文を如何に規定するか、如何なる性質を有する規定の法文とするかは、立法論としては極めて重要なことではある。本稿もこの点に注意を払うべく、「領域警備」の性質の解明を目的としている。しかしながら、一旦立法化され、条文化されたのなら、その法的性質は、当該法文の内容の理解、当該条文の解釈により、判断されるべきである。

富井教授は、自衛隊法七八条に基づく治安出動は、上述のように、「防衛作用なのか警察作用なのか流動的」、「中間的色彩を払拭できない」と説かれるが、以上のような解釈方法上の問題があるように思われる。「流動的」、「中間的色彩」なのは法の認識から導かれた法の内容ではない。富井教授は、法適用に際して対象としている事実それ自体の認識困難性に幻惑され、「法の認識」と「法適用の対象である事実」とを混同したのではなかろうか。七八条の法文内容（の解釈）が流動化するのではなく、法適用の対象である脅威それ自体の認識が極めて困難であるから、その認識が「流動的」であり、「中間的色彩」を帯びて見えるのである。つまり、どのような法の適用が適切なのかという、法適用にあたっての適用対象、脅威の事実そのものも有り様が「流動的」、「中間的色彩」に見えるのである。決して条文の内容、自衛隊法七八条の内容が「流動的」であったり「中間的色彩」の性質を有している訳ではない。

この点、富井教授が註を付して参照を求められている『平和・安全保障と法』の当該頁は、次のように記述する。

「命令による治安出動」とは、間接侵略その他の緊急事態に際して一般警察力では治安を維持することができないような国家的な治安維持の必要のため、内閣総理大臣の命令により自衛隊部隊が出動することをいう。ここでいう「間接侵略」とは、外国の教唆・干渉による大規模な内乱・騒じょうを、「その他の緊急事態」とは、外国による教唆・干渉によらない内乱・騒じょうを意味し、いずれも一般警察力では対処し得ない事態を指す。ただし、間接侵略に外国の不正規軍が関与し、これによる武力攻撃が行われたと認められる事態に至った場合には、治安出動ではなく、防衛出動の対象となる[15]。

『平和・安全保障と法』が説くところは、富井教授が主張されるような、自衛隊法七八条の内容の理解の結果、その法的性質が「警察作用」であったり「防衛作用」の性質に捉えられる、というような事ではない。自衛隊法の適用にあたって、「間接侵略に外国の不正規軍が関与し、これによる武力攻撃が行われたと認められる事態に至った場合」には、治安出動を定める自衛隊法七八条を適用するのではなく、防衛出動を定める自衛隊法七六条を適用して対処すべきであると主張するものである。事実、同書の他の頁において、次のような記述もみられる。

隊法第六章の定める「自衛隊の行動」は、その性格により、(1) 防衛的行動（防衛出動（七六条））、(2) 警察的行動（治安出動（第七八条、第八一条）、海上における警備行動（第八二条）、領空侵犯対処措置（第八四条）、災害派遣（第八三条）、地震防災派遣（第八三条の二））に分類することができる[16]。

『平和・安全保障と法』は明らかに、七八条を警察作用として理解している。

以上から、「命令による治安出動」を定める自衛隊法七八条の解釈として、「警察作用と防衛作用の中間的色彩を払拭できないでいる」という理解は疑問である。

それでは、自衛隊法七八条の法的性質は、どのように把握されるか。本稿筆者は、自衛隊法七八条の規定は警察作用の性質を定める条項であると理解する。つまり、防衛作用を定める条項ではない、と。

そこで問題となるのは、それではどのような基準で警察作用と防衛作用を区別するのか、である。その判断基準が問われなくてはならない。警察作用なのか防衛作用なのかを判断する基準はどこに求められるのか。

従来の議論では、国家作用の「目的」如何という基準で分類されてきたように思われる。が、筆者は、「領域警備」の性質の解明にあっては、この従来の方法論では解決できない、あるいは解決は困難であると考える。

そこで以下、従来とは異なる視点で、「治安出動」の法的性質に関し考えることにしたい。「領域警備」の性質を把握するための基礎的視点を提供するためである。

自衛隊法七八条の性質を解明するにあたっては、治安出動時の権限規定に着目する必要があると思われる。治安出動における自衛隊に授権されている権限の性質、範囲等を考察することにより、当該作用が警察作用であるのか、防衛作用であるのか明らかにできると思われる。なぜなら、当該権限の性質は当該権限を達成するための目的（警察目的か防衛目的か）と関連し、「目的」達成のための「手段」であることから、当該手段を分析することにより、当該法文が求める達成すべき目的も明らかになると考えるからである。

自衛隊法に当てはめれば、治安出動そのものを定める規定（自衛隊法七八条）と治安出動時の権限規定（自衛隊法八九条及び同九〇条）は、目的―手段の関係にある。そこで、手段である権限規定の性質、範囲を考察することにより、その目的、すなわち達成されるべき目的が警察目的なのか防衛目的なのか、つまり、その法的性質を明らかにし得るのではないか、と考えた。

そこで、治安出動時の権限について考察する。

まず、「命令による治安出動」を規定する自衛隊法七八条一項をもう一度見てみよう。

（自衛隊法七八条一項）

内閣総理大臣は、間接侵略その他の緊急事態に際して、一般の警察力をもっては、治安を維持することができないと認められる場合には、自衛隊の全部又は一部の出動を命ずることができる。

本条項において治安出動の要件として「一般の警察力をもっては、治安を維持することができないと認められる場合」と規定していることから、治安出動の性質は、警察作用であると推定はされる。治安出動とは、警察力の補完と解されるからである。しかしながら、警察力の補完としての作用は必ず警察作用でなければならない必然性はないように思われる。なぜなら、一般の警察力をもって対処できないような脅威に対しては、防衛作用をもって対処する、と考えることも論理的には可能だからである。したがって、本条項のみから、治安出動の性質を見極めることは困難である。

さらに本条項を異なる側面から考察すると、そもそも本規定は、基本的には内閣総理大臣を名宛人とする授権規範(17)であり、自衛隊の作用法としての性質を有するものではない。治安出動にあたる自衛隊を直接名宛人とし、作用のあり方を定める授権規範ではない。上述した「一般の警察力をもっては、治安を維持することができないと認められる場合云々」の件も、内閣総理大臣に対する自衛隊出動の可否の要件を示すものにすぎず、この箇所から直ちに警察作用としての性質を読みとることは困難である。

したがって、治安出動の性質を正確に把握するためには、上で述べたように、治安出動時の権限規定を分析することが必要となる。

命令による治安出動時の権限は次のように規定されている。

（自衛隊法八九条一項）

警察官職務執行法の規定は、第七八条第一項又は第八一条第二項の規定により出動を命ぜられた自衛隊の自衛官の職務の執行について準用する。

（自衛隊法八九条二項）

前項において準用する警察官職務執行法第七条の規定により自衛官が武器を使用するには、刑法第三六条又は三七条に該当する場合を除き、当該部隊指揮官の命令によらなければならない。

（自衛隊法九〇条）

第七八条第一項又は第八一条第二項の規定により出動を命ぜられた自衛隊の自衛官は、前条の規定により武器を使用する場合のほか、次の各号の一に該当すると認める相当の理由があるときは、その事態に応じ合理的に必要と判断される限度で武器を使用することができる。

一　職務上警護する人、施設又は物件が暴行又は侵害を受け、又は受けようとする明白な危険があり、武器を使用するほか、他にこれを排除する適当な手段がない場合

二　多衆集合して暴行もしくは脅迫をし、又は暴行もしくは脅迫をしようとする明白な危険があり、武器を使用するほか、他にこれを鎮圧し、又は防止する適当な手段がな

い場合

三　前号に掲げる場合のほか、小銃、機関銃（機関けん銃を含む。）、砲、化学兵器、生物兵器その他その殺傷力がこれらに類する武器を所持し、又は所持していると疑うに足りる相当の理由のある者が暴行又は脅迫をし又はする高い蓋然性があり、武器を使用するほか、他にこれを鎮圧し、又は防止する適当な手段がない場合

以上見るように、治安出動時の権限、特に武器使用に際しての要件は、厳格な、いわゆる警察比例の原則の適用を受けていることが次の点から看取し得る。

第一に、治安出動時の基本的な権限は、警察官職務執行法に基づくことである。周知のとおり、本法律は、警察官の権限を定める法律であり、警察比例の原則の適用を受けることはいうまでもない。第二に、例えば自衛隊法九〇条第一号に基づく武器使用についていえば、その要件は「武器を使用するほか、他にこれを排除する適当な手段がない場合」とされており、さらにその場合にあっても、「その事態に応じ合理的に必要と判断される限度で武器を使用することができる」と規定し、警察比例の原則の厳格な適用を受けた形で成文化されている。

つまり、（命令による）治安出動時の武器使用の権限の性質は、警察比例の原則の適用を受け、

そらにその理念が成文化されており、したがってその作用は警察作用であると解される。

以上から、本稿筆者は、警察比例の原則の適用があることをもって（命令による）治安出動を警察作用と解する。では、この論理、考え方の当否に関し考察する。主に警察比例原則の適用を受けることの意義を考えてみたい。

五　警察比例の原則適用の意義

本稿筆者は、自衛隊法七八条が定める治安出動は、警察作用であると解した。富井教授のように、七八条を警察作用であると同時に防衛作用という双方にまたがるような「流動的」又は「中間的色彩」のあるような規定であるとは認識できなかった。その理由を、自衛隊法七八条が定める「命令による治安出動」に際して授権している権限規定に着目し、当該権限規定である自衛隊法八九条及び九〇条は、ともに厳格な警察比例の原則の適用を受けている点に見出した。

そこで、なぜ、同じ公権力（実力）の行使にあって、防衛作用か警察作用かを判断する際の認識枠組みが警察比例の原則の適用の有無に見いだせるのか、私見を述べてみたい。それは、警察比例の原則適用の論理に見いだせる。つまり、なぜ警察比例の原則が適用されなければならないのか、という疑問に答えることが、同時にこの答えになる。

警察比例の原則について、田上穣治博士は次のように説かれる。

警察権によって除こうとする障害の程度と、これを除くことによって生じる社会上の不利益との間に、正当な比例を保たなければならない[18]。

社会上の障害が単に発生の可能性があるというのに止まらず、その障害が現に存在しまたは少なくとも通常の事態の下においてその発生を予測できる場合に限って警察権を発動することができる[19]。

警察上の規制の必要と警察権の行使の程度とは、正当な比例を保つことを有する。いいかえれば、軽微な障害を除くためには、自由のこれに対応する軽微な制限のみが許されるのであって、人民の自由に重大な制限を加えるには、これを必要ならしめる程度の重大な障害を除くためでなければならない[20]。

本稿で特に重要なのは、注(20)で引用した部分である。武器使用を例に取れば、武器使用の程度は、その脅威対象の程度に比例しなければならない、というのである。この意味において警察比例の原則を厳しく適用すれば、例えば、逃走する法令違反者に対しては、武器を使用することができなくなる。逃走それ自体のみは、秩序にとって特に大きな障害ではないからである。事実、一九九九年の不審船事案において「海上における警備行動」が発令された海上自衛隊の護衛艦は、このような解釈に基づく法令の適用を行い、当該不審船を取り逃がしてしまった（本稿筆者は、治安出動と同じ理由で自衛隊法八二条に基づく「海上における警備行動」も警察作用であると解する。また、当該権限規定の授権内容・程度のみが取り逃がしの原因であるか否かは、別途検証する必要があろうが、大きな要因であったと思われる）。

治安出動や海上における警備行動にも準用される警察官職務執行法七条は、武器使用を授権しているが、極めて厳格な警察比例の原則の適用を受け、さらにはその理念が成文化されてもいる。

警察官職務執行法七条は、次のように規定する。

警察官は、犯人の逮捕もしくは逃走の防止、自己もしくは他人に対する防護または公務執行に対する抵抗の抑止のため必要であると認める相当な理由のある場合においては、その事態に応じ合理的に必要と判断される限度において、武器を使用することができる。但し、刑法三六条もしくは三七条に該当する場合または左の各号の一に該当する場合を除いて、人に危害を与えてはならない。

一　死刑または無期もしくは長期三年以上の懲役もしくは禁こにあたる兇悪な罪を現に

犯し、もしくは既に犯したと疑うに足りる充分な理由のある者がその者に対する警察官の職務の執行に対して抵抗し、もしくは逃亡しようとするとき、または第三者がその者を逃がそうとして警察官に抵抗するとき、これを防ぎ、または逮捕するために他に手段がないと警察官において信ずるに足りる相当な理由のある場合

二　逮捕状により逮捕する際または勾引状もしくは勾留状を執行する際その本人がその者に対する警察官の職務の執行に対して抵抗し、もしくは逃亡しようとするとき、または第三者がその者を逃がそうとして警察官に抵抗するとき、これを防ぎ、または逮捕するために他に手段がないと警察官において信ずるに足りる相当な理由のある場合

一読してわかるように、基本的に警察官の武器使用にあたっては、人に危害を加えてはならないことになっている。つまり、原則として、公務遂行中の武器の使用であっても人に向けて武器を使用してはならないのである。例外として、「正当防衛」、「緊急避難」あるいは殺人などの兇悪犯が抵抗したり、逃亡しようとする場合に、「他に手段がない」場合においてのみ、人に対し武器使用が認められるのである。以上の規定も警察比例の原則の適用が見られるが、さらに、本規定の解釈として、田上博士は、次のように述べられる。

なお、以上の場合でなければ人に危害を与えてはならない、と規定することは、これに

> 該当する場合にも、殺傷の違法性が当然に阻却される意味ではなく、武器の使用の方法および程度が比例原則の適用を受けるのである(21)。

以上から、警察官職務執行法七条の規定は、極めて厳格な警察比例の原則が適用された条項であるといえるであろう。

次に問題となるのは、警察官職務執行法及び自衛隊法九〇条等において、なぜ警察比例の原則が必要となるのか、である。つまり、警察比例の原則の根拠の問題が問われなくてはならない。

警察比例の原則の根拠については、これまで自然法の要請であるとする説明が多かったが、近時、憲法上の要請、つまり、実定法を根拠とする、という主張が強まっており、本稿筆者もこの立場をとる。警察比例の原則は、実定法上の根拠を持つ、と。

例えば、高木光教授は、次のように述べられる（なお、ここでは高木教授の「比例原則」と「警察比例の原則」は同義であると解してさしつかえない）。

> 比例原則は「人権の最大限の尊重原理」として憲法一三条に「実定化」されていると説明し、その限りで「条理法」ないし「法の一般原則」という説明は避けることとする(22)（傍点本稿筆者）。

以上のように、警察比例の原則は、実定憲法上の要請、つまり、実定法化されているとすると、憲法上の法原則、憲法上の要請であることの意味が問題となるが、その意味は、高木教授の指摘にあるように、現行憲法一三条に基づく人権保障の一環に認められるといえる(23)。警察比例の原則の適用の意味が人権保障の一環にあるとするならば、その適用範囲が問われなくてはならないであろう。つまり、以下で考察するが、「大規模テロ行為」の「実行犯」にまで、人権保障の一環としての警察比例原則の適用が必須であるのか、という疑問が生じるのである。

六 「大規模テロ行為」等の性質

治安出動の法的性質は警察作用であるとの見解を得た。では、「領域警備」は、富井教授が述べられるように、治安出動で対応することが適当なのであろうか。適切であるとすると、「領域警備」は、警察作用に分類することが正しいということになる。

この問題に答えるには、「領域警備」が対象とする「大規模テロ行為」等の性質の解明が必要となろう。以下検討してみたい。

まず、「大規模テロ行為」等を行うことの目的は何か。米国同時多発テロで明らかなように、同テロの目的は単に人心を乱すのみにとどまらないものであった。攻撃目標は、米国を象徴する極めて重要な国家機関である国防総省と米国経済の中心、ニューヨークの貿易センタービルであり、犠牲者は数千人にものぼった。本テロの目的は、単に自身の存在の誇示などを超えて、米国それ自身全体の安全を脅かすことにあったと推測し得る。そして結果として米国の安全保障に大きな影響を与えたものといえる。事実、本テロをブッシュ大統領は「戦争」と呼び、アフガニスタンでの戦闘行為に踏み切った。わが国も米国の動きに呼応するように、テロ特措法を成立させ、米国支援を実施したことは周知のとおりである。

とすると、「大規模テロ行為」等の性質は、単なる「犯罪」とは異なり国家全体の安全に大きな影響を与える脅威、国家の安全保障に重大な影響を与えるものと捉えることができるであろう。わが国に引き直せば、原子力発電所、ダム、首相官邸、皇居等への攻撃が考えられるであろう。

七 「領域警備」の性質

以上から、「領域警備」の対象である「大規模テロ行為」等は、単に従来「犯罪」と考えられてきたテロとは質的に異なる脅威対象であると考えられる。

では、そのような脅威に対応するための「領域警備」は、国家作用中、如何に観念することが適当なのであろうか。

筆者は、「領域警備」を警察作用と観念することは不適当であると考える。

その理由の第一は、上で検討した、「領域警備」の対象となる「大規模テロ行為」等の性質から導かれる。つまり、「大規模テロ行為」等は、単なる「犯罪」ではなく、「国家全体の安全に大きな影響を与える脅威」であり、したがって、そのような脅威に対して警察比例の原則の適用がある警察作用では、適切には対応できない、という点に求められる。「領域警備」を警察作用と捉えては、適切な対応はできないと思われるのである。

第二の理由は、上で指摘したように警察比例の原則の適用の必要性は、実定憲法上の要請、人権保障の一環としての現行憲法一三条に基づく。つまり、「領域警備」の対象と考えられる「大規模テロ行為」等の「実行犯」（その多くは外国人と思われる）の「人権」を守る必要性があるとすれば、警察比例の原則の適用が不可欠とされようが、そのように考えることには不条理であり、不自然であろう，元々外国人の人権保障は、自国民と異なるのであり、「大規模テロ行為」等の「実行犯」にまで、実定憲法が要請するところの警察比例の原則の適用を必須とする警察作用で対応しなければならない理由は見あたらないというべきである。

以上の「領域警備」の対象である脅威の性質及び警察比例の原則の適用の不要という二つの理由から、富井教授が説かれるように、「領域警備」を「警察作用」と捉え、治安出動で対応可能であるという見解には問題があると考える。

では、「領域警備」の国家作用は、如何に捉えることが適切なのであろうか。筆者はさしあたり、「領域警備」は防衛作用と捉えてよいと考えている。その理由は、防衛作用を、「警察作用とは異なる対外的公権力（実力）作用」と捉えるからである。不審船事案を見てもわかるように、今後脅威と考えられる「領域警備」事態は、外国人を実行犯とする、しかも外国国家機関の関与が極めて濃厚なものであろう。したがって、「領域警備」は、「警察作用とは異なる対外的公権力（実力）作用」と捉え、さしあたり防衛作用と観念することが適切であると考える(24)。（本書七六―七七頁参照〔この考え方に一部修正を加えた〕）

したがって、「領域警備」に関しては、基本的に新たな立法が望ましい。一方、「領域警備」が防衛作用であるなら、自衛隊法七六条が規定する「防衛出動」で対応すれば良いのではないか、との批判が予想される。筆者は、もとより、「領域警備」に対して「防衛出動」で対応することが、法的に不可能であるとは考えない。が、適切さに欠けると考える。そして、その不適切は次の点に見いだせると思われる。第一に、「防衛出動」は、基本的に大規模侵攻に対処するための規定であり、したがって、実際の侵攻まで、時間的余裕があることを前提にしている。事実、「防衛出動」の要件として、原則として「国会の承認」が要請されている。「領域警備」が対象とする脅威は、対応する時間にそれほど余裕がないと考えられる。第二に、「防衛出動」は、いわゆる「防衛負担」（「物資の収用等」（自衛隊法一〇三条）、「電気通信設備の利用等」（自衛隊法一〇四条）を国民に課することが出来る法状態を作り出す。つまり、「防衛出動」は、国民の私権の制限を可能にする。「領域警備」においては、これら「防衛負担」を国民に課す必要はないであろう。

以上から、「領域警備」を「防衛出動」で対応することは適当ではないと考える。新たな立法で「領域警備」に関する規定を設けることが望ましい。そして新たな立法で「領域警備」を創設するに際しては、原則、自衛隊に担任させることが適切であると思われる。「領域警備」は、警察作用ではなく防衛作用と解されるからである。

ただし、問題となるのは、「領域警備」と、防衛作用の中核ともいえる「自衛権（の行使）」、あるいは自衛隊法上の「防衛出動時の武力の行使」との異同である。「自衛権（の行使）」であれば、戦時国際法の適用がある、いわゆる「戦争」と観念し得る。しかしながら、「領域警備」を直ちに戦争行為ととらえることはできないと思われる。なぜなら、例えば米国で発生した同時多発テロが「戦争」であるとすると、当該テロ「実行犯」は、「交戦資格」を有する「戦闘員」と見なされ、ジュネーブ諸条約が適用されることにより、刑法等、国内法での処罰が困難となる可能性が生じるからである。今後の検討課題である。

八　むすび

以上論じたように、本稿は、「領域警備」を基本的に防衛作用の性質を有する国家作用である、とする見解を得た。その際、「領域警備」を警察作用と捉える富井教授の見解を批判した。そして、富井教授の自衛隊法七八条を「警察作用と防衛作用双方を包含する規定」とする解釈をもあわせて批判し、七八条は、「警察作用」のみを規定する条項であると解した。さらに、自衛隊法七八条あるいは同七六条を適用しての「領域警備」は不適当であるとし、新たな立法の必要性に言及した(25)。

この本稿筆者の見解の基準、すなわち、「領域警備」を基本的には警察作用とは一線を画す作用、すなわち防衛作用と観念することが適当であるとするに際しての重要な基準は、「警察作用＝警察比例の原則の適用のある作用」、との認識である。そしてこの基準にしたがい、「領域警備」においては、警察比例の原則の適用は、現行憲法一三条の要請としては不必要である故、「領域警備」は警察作用ではなく防衛作用と観念することが適当であるとした。しかしながら、「領域警備」を防衛作用と捉えるとして、「領域警備」と防衛作用の中核ともいえる「自衛権（の行使）」（防衛出動時の武力の行使）との異同については、今後の課題としなければならない。

本稿の目的は、「領域警備」の性質の解明にあり、筆者の問題意識の根底には、実力の行使という面では同一視し得る警察作用と防衛作用の相違を決定付ける基準を見いだすことであった。そしてその基準として、実定憲法を根拠とする警察比例の原則の適用の必要性の有無に見いだした。つまり、警察作用は、警察比例の原則の適用が憲法上の要請として必須であるに対し、防衛作用は、憲法上の要請としては、警察比例の原則の適用を必要としない。

今後、この論理が妥当であるか否か、より精緻な考察がなされるべきであると考えている。読者のご批判を仰ぎながら、謙虚に、さらに検証していきたいと思っている。

なお、「領域警備」を防衛作用と観念するとしても、「領域警備」における権限、特に武器使用の基準等を立案するに際しては、なお慎重な考慮を要する。他国の立法例などを参照しながら、わが国の国情にあった基準を策定する必要があろう。

（1）産経新聞平成一三年一二月二六日朝刊三面参照。
（2）東京新聞平成一四年二月一〇日朝刊一面。
（3）小針司『防衛法制研究』（信山社・一九九五年）一五三頁。
（4）柳瀬良幹「警察の観念」『行政法の基礎理論（二）』（清水弘文堂書房・一九四一年）一七三頁参照。

(5) 『平成一三年版防衛白書』(二〇〇一年)一八七頁。
(6) 富井幸雄「領域警備に関するわが国の法制度」新防衛論集第二六巻第三号(二〇〇〇年)三頁。
(7) 富井・前掲注(6)七頁。
(8) 富井・前掲注(6)七頁。
(9) 富井・前掲注(6)五頁。
(10) 富井・前掲注(6)五~六頁。
(11) 富井・前掲注(6)八頁。
(12) 富井・前掲注(6)一六頁。
(13) 富井・前掲注(6)一七頁。
(14) 本稿筆者は「法の解釈」の語の下に、基本的には「法の認識」を理解しており、宮沢俊義教授のように、「実践的意欲の作用」とは捉えていない。宮沢教授は次のように説明される。「法の解釈は理論的認識の作用ではなく実践的意欲の作用であり、法の認識ではなくて法の創造である」。宮沢俊義「法律学における『学説』」『法律学における学説』(有斐閣、一九六八年)六九頁。
本稿筆者は、このような見解に対し、「法の解釈」は「法の認識」であるとされる柳瀬良幹博士の見解の立場をとる。柳瀬博士は、次のように述べられる。「法の解釈はその性質は認識であるとともに、又認識でなければならぬことである」。柳瀬良幹「法の解釈についての覚書」自治研究第四九巻第一号(一九七三年)三頁。

また、小嶋和司博士も、基本的には「法の解釈」は「法の認識」であると考えられていると思われる。小嶋博士は、「法の解釈」中、特に「憲法解釈」につき次のように説かれているが、その説かれるところは、自衛隊法や多くの行政法の解釈にも通じるものと思われる。「(憲法典の解釈とは)憲法典という客観的規範の意味内容を明確にすることである。憲法典は通常、国家の諸機関の組織や権能の限界、その権能行使の方式などを規定するが、そのような組織や権能の限界、その権能行使の方式などを明確にすることである（傍点原著者、括弧内本稿筆者）」。小嶋和司「憲法学の課題と方法」『小嶋和司憲法論集三　憲法解釈の諸問題』（木鐸社・一九八九年）四〇四〜四〇五頁。

ただし、基本的に「法の解釈」は「法の認識」であるとしても、「解釈」、つまり、当該法文の明確化の過程で、複数の意味内容を持ち得ることがあり得る。そこから先、この複数の意味内容からただ一つを選び取るという精神作用は、宮沢教授が説かれるような「実践的意欲の作用」と考えられる余地はある。「法の解釈」の意味については、今後も検討課題としたい。なお、菅野喜八郎『国権の限界問題』（木鐸社・一九七八年）二四九頁注（1）参照【本書二五七頁注（39）参照】。

(15)　防衛法学会編『平和・安全保障と法（補綴版）』（内外出版・一九九七年）九九〜一〇〇頁。なお、当該箇所の執筆担当は、松浦一夫教授である。

(16)　防衛法学会編・前掲注（15）八九頁。ただし、領空侵犯措置を完全に警察的行動に分類することには疑義がある。領空侵犯措置は、基本的には、外国航空機、とりわけ外国軍用機を対象としており、国民の権利義務に直接関係しない行動であるからである。そのような行動を一義的に「警察的行動」と観念することは疑問であったところ、松浦教授は、次のように改説された。すなわち、防衛法学会編・前掲注（15）の改訂版である、西修他『日本の安全保障法制』（内外出版・二〇〇一年）一三〇頁において、「外国の『国の航空機』特に軍用機による侵犯の場合」の領空侵犯措置を「防衛的行動」とし、「外国の民間航空機による侵犯の場合」を「警察的行動」として分類された。なお拙稿「自衛隊法八四条の意義に関する若干の考察」防衛法研究第二三号（一九九九年）参照【本書第Ⅲ論文】。

(17)　菅野喜八郎博士は、「授権規範」に関し、次のように説かれる。「授権規範は法行為を為しうる能力を付与する規範であって、授権規範に基づくが故に、そしてその限りでのみ、事実上の性質においては他の人間行為と異なるところがない或る人間行為が法行為とされるのであるから、授権規範は、これを、法行為たりうるための人間行為の諸条件を定める規範と定義することが可能である。授権規範は、直接的には、法行為たろうとするならばその人間行為はこれこれの条件を充たすべしと定める規範、究極的には、授権規範は、自己が定めた諸条件を充足する人間行為を法行為と認めてこれを受忍しこれに服従すべしと命ずる規範である」。菅野喜八郎「ケルゼンの強制秩序概念と授権規範論」『続・国権の限界問題』（木鐸社・一九八八年）一〇七頁。

(18) 田上穣治『警察法（新版）』（有斐閣・一九八三年）七四頁。

(19) 田上・前掲注（18）七五頁。

(20) 田上・前掲注（18）七五頁。

(21) 田上・前掲注（18）一五八頁。

(22) 高木光「比例原則の実定化」『現代立憲主義の展開 下』（有斐閣・一九九三年）二二八頁。なお、警察比例の原則を含めていわゆる警察の限界の根拠を、いち早く憲法一三条に見いだしたのは、管見では柳瀬良幹博士である。柳瀬良幹『行政法講義』（良書普及会・一九五一年）六一～六三頁参照。『行政法講義（四訂版）』（良書普及会・一九七五年）五九～六一頁においても一九五一年版と異ならない内容が記述されている。

(23) なお、防衛出動時の権限を定める自衛隊法八八条二項は「前項の武力行使に際しては、国際の法規及び慣例によるべき場合にあってはこれを遵守し、かつ、事態に応じ合理的に必要と判断される限度をこえてはならない」と規定し、傍点の箇所のように、一見、警察比例の原則の適用があるかのように見える記述がある。しかしながら、この箇所は、憲法上の人権規定の要請、憲法一三条の規定に基づくところの警察比例の原則の適用の結果として規定されたのではなく、政策的考慮あるいは「自衛権」に内在するある種の制約原理に基づくものと解される。なぜなら、わが国を侵略する他国の軍隊の構成員にまで現行憲法が人権保障しているとは考えられないからである。

(24) 拙稿・前掲注(16)【本書第Ⅲ論文】において、「『治安出動』は国民に対する作用」であり、一方、「『防衛出動』は、外国軍隊に対する対外的作用」であり、同様、「領空侵犯措置は、対内的作用ではなく対外的作用」であることを指摘し、さらに、これまで伝統的公法学が論じてきた「法治主義」原理が前者には妥当し、後者には妥当しない点をも併せて論じた。そして「領域警備」も、その対象は外国人工作員等であり、対外的作用と捉えられるから、「防衛出動」と同様、先の意味での「法治主義」原理が妥当しない領域であると考えることが適当である。

また、国家作用を対内的作用か対外的作用かで区別すると、対外的作用である防衛作用が「行政」に包含されるか否か問題となる。小針司教授は、この点に関し、内外の学説を丹念に検討された結果、次のように述べられる。「対外的防衛、より限定していうならば、対外的軍事作用(戦争)やそれに使用される兵力(軍隊)の指揮をもって明確に『行政』に含める見解に遭遇することはついにできなかった。」小針・前掲注(3)一三七頁。実定憲法(典)の解釈として、「行政」概念に防衛作用が包含されるのか否か、今後、緻密な検討が必要であろう【本書第Ⅰ、第Ⅱ論文参照】。

(25) 西修教授は、一九九九年三月の不審船事案発生後に開かれた関係閣僚会議(六月四日)において了承された「能登半島沖不審船事案における教訓・反省事項について」に対して「不審船への対応を『警察機関としての活動』として位置づけているのは、なんらの反省になっていないといわねばならない。」と厳しく批判され、本稿で論じた「領域警備」と同義と考えてよいと思われる「領域保全」の任務を新たに自衛隊に付与し、あわせて国際法上認められている権限を付与するべきだとされる。その論理として、次のような記述が見られる。「なぜなら、領域保全任務は、国内的な警察行動ではなく、国際的な防衛行動だからである」。西修他・前掲注（16）五六頁。西教授の所論と本稿は同じ結論に立つものと思われる。

〈第二編〉憲法の基礎理論

V

憲法学における「国家」の復権
――小嶋和司博士の所説を契機として

神は、義務は、国家は、神話は、歴史は、家族は、そしてその他等々の「仮説」はすべて事実であり、実在なのであり、……

福田恆存『福田恆存全集（覚書）』

国家は歴史的存在であり、それ故に滅亡の可能性を含み、またそれ故に存在することがそれだけで既に義務であり、且つ尊しとされるのである。

高坂正顕『歴史的世界』

一　はじめに

本稿は、「国家」を肯定的に位置づけ、憲法学の体系を構築された小嶋和司博士の所説を契機として、主としてカール・シュミット及び尾高朝雄博士の所説を踏まえ、国家の存在論及び認識論の見地から、国家の実在性を肯定するとともに、国家を不文の法源として認める憲法学の理路の明確化を図ることを目的とする。

すなわち、小嶋博士の「国家」理論を出発点として、小嶋博士が目指されたと思われる論理を推し進めることにより、憲法学における「国家」の復権を企図するものである。

また、憲法学における「国家」の扱いについては、次のような「批判」があり得るが、本稿はこのような「批判」に対する回答の試みでもある。

憲法が構成した国家以前に国家が存在するという考え方は、学問的に不純で、せいぜい生活している市民の素朴な見方だということになろう(1)。

二　小嶋博士の所説

小嶋博士は、次のように論じられる。

国家と憲法典との関係を述べれば、憲法典は国家の存在なくして効力をもちえず、国家が消滅すれば、その生命を終る。が、国家は、憲法典の消滅によって、その生命を終るものではない。大革命以後のフランスが、十いくつの憲法典を経験しつつ、国家としては一貫して存続するとされるのは、その例証としえよう。かくて、国家の存立と憲法典の遵守とでは、前者の方がヨリ基本的な価値とされ、いわゆる「国家緊急権」の理論が成立する。内乱状態・外敵による攻囲状態の場合に憲法典の保障する集会・結社・表現等の諸自由や団体行動権の行使をみとめると、国家の存立が失われるおそれさえある。このようなときには憲法典の保障を停止して、国家の存立をはかるべく、そのような権能は、憲法典をこえる不文の法によって認められるというのである(2)。

国家及び主権は、憲法典をして有効ならしめる根拠で、これに、憲法典に付随する副次的な地位しかみとめないことは、度を過ぎた成文法源偏重で、正当ではない。これには、成文法源から独立した法源——不文の——としての地位を認めるべきである[(3)]。

小嶋博士は「国家」に不文法源の地位を与えるのであるが、そもそも小嶋博士の言う「国家」とは何かが問題とされなくてはならない。博士は「国家」につき次のように説かれる。

国家は、領土とか人民という可視的なものの具有を基礎とするが、それ自身は可視的な存在ではない。統治作用の帰属先を論理探求的な観察（teleologische Betrachtung）をした結果見出される観念的存在で、作用によってのみ社会的実在として認識されることは、G・イエリネクの指摘したとおりである[(4)]。

小嶋博士は「国家」を可視的な存在ではない、と指摘される。にもかかわらず、「社会的実在」として認識し得る、とも主張されるのである。小嶋博士の引用文にあるように、博士はイェリネクの見解に賛意を表され、注においてその著作『一般国家学』の参照を求められるのであるが、注においては頁の指示（一七八及び一七四頁）があるのみである。したがって、博士ご自身がどの部分の参照を求められていたのかは推測するしかないものの、イェリネクの著作において、次のような記述が目を引く。

したがって、国家とは決して実体（Substanz）ではなく作用（Funktion）でしかない。この作用の基礎となる実体とは、人間でしかあり得ない(5)。

このイェリネクの記述からも小嶋博士が国家を「実体」ある存在とは把握されていないことが推測され得る。国家を「実体」として考えない論者の論理を今少し見ることとする。例えばブルクハルトは、国家について次のように説く。

国家とは、現実的に（自らの）意思を持ち、（因果的な）心理的考察の対象となり得る現実的な実体（Wesen）ではなく、意味成態（Sinngebilde）である(6)。

ブルクハルトが参照を求めるリッケルトも国家について次のように説く。

国家とは、倫理的意味としての当事者になり得る現実的な意思を持つものではない。なぜなら、普遍的意思なるものが「実在」するわけではないから(7)。

ブルクハルトやリッケルトのこのような考え方には、次のような前提が認められる。シュタムラーは次のように述べる。

しばしば人間の「集団」の思考（Denken）及び意思（Wollen）を引き合いに出すところのものは、実際は人間の思考及び意思に過ぎない(8)。

国家とは集団の最たるものであろうから、シュタムラーが説くように国家それ自身が思考したり意思を表明することはない。

このような、国家を「実体」とは捉えない国家論に小嶋博士も賛意を示されていたことは、イェリネクに参照を求められたことからも明らかである一方、小嶋博士は「国家」の実在性を認められ、かつ、国家を不文の法源としても認められる。しかし残念ながら、小嶋博士が「国家」をどのように捉えられていたかについては、先に紹介した以上、明快な説明がないのである。この点小嶋博士と親交の深かった菅野喜八郎博士と小嶋博士を指導教授に仰いだ小針司教授との対談において次のようなやりとりがあるのが注目される。

［小針］そうすると、晩年の小嶋先生はどうなのですかね。だって、国家が先ず在って、次に憲法典があるという考えでしょう。

［菅野］小嶋さん自身、あの論文書いた時、いちばん影響を受けたのはカール・シュミットだったと私に話してました。

［小針］晩年になってくると、シュターツノートトレヒト（Staatsnotrecht 国家緊急権）が出てくるし、国家あって憲法典がある。憲法と憲法典は違う。フェアファスングとフェアファスングスゲゼッツとは違うのだというような。

〔菅野〕 それもやはりシュミットから影響を受けたと小嶋さんから聞きました(9)。

小嶋博士の所説におけるカール・シュミットの影響の大きさがうかがわれる。そこで次にカール・シュミットの所説を検討することとする。

三 シュミットの所説

さて、シュミットは国家をどのように捉えていたのであろうか。『憲法理論』において次のように説く。

Verfassung という語は、国家、すなわち人民の政治的統一体の憲法に限定されねばならない(10)。

シュミットにおいて「国家」とは「人民の政治的統一体」のことである。それでは「政治的統一体」は如何なる性格を有するのであろうか。シュミットは次のように述べる。

すべての実存する政治的統一体は、その価値と「存在理由」を、諸規範の正しさまたは有用性にではなく、その実存自体に持っている。政治的存在として実存するものは、法律学的に見て、実存するに値する。それ故、政治的統一体の「自己保存の権利」は、一切のその後の説明の前提である(10)。

シュミットは、「国家」＝「政治的統一体」を「法律学的に見て、実存するに値する」ものとして捉えていることに着目する必要があろう。

また、シュミットがこのような性格を有する「国家」＝「政治的統一体」を自身の憲法学にどのように位置づけようとしたのか、『政治神学』の記述からを見てみよう。

このような（緊急）状態において法が後退する間、明らかに国家は存続し続ける。緊急状態とは無政府状態や混沌とは別の何かであるのであるから、たとえ法秩序（Rechtsordnung）でないとしても法学的意味（juristischen Sinn）において秩序（Ordnung）が存続するのである。ここにおいて国家の実存（Die Existenz des Staates）は、法規範の効力に対する疑いのない優位性を実証する（括弧内本稿筆者）(13)。

シュミットによれば緊急状態（事態）において、「法秩序」ではないにしても「秩序」が存在し、しかもそれが法学的意味を持つと言う。そして、ここで「秩序＝国家」が「法規範」

に対し優位性を持つと主張するとともに「秩序＝国家」が法学の対象となることをも主張する。さらに次のような見解が示される。

緊急事態において国家は自己保存権に基づき法を停止する。「法―秩序」という概念の二つの要素は、ここにおいて互いに向い合い、それぞれの概念的独立性を示す。平時においては、決定（Entscheidung）というの独自の要素は最小限に抑制し得るが、緊急事態において決定という独自の要素は、規範を無にする。それにもかかわらず緊急事態でさえ法学上の認識たり得るのは、規範、決定ともに法学上の領域にとどまるからである(13)。

難解な文章であるが次のように理解可能であろうか。シュミットは「法」と「秩序」を区別するのであるが、これは「規範」と「国家」に照応する。そして緊急事態において、「規範＝法」を退け「秩序＝国家」を現出させるのが「決定」の契機であると。そして「規範＝法」及び「決定」双方ともに法学の領域にあると。もちろん先に見たように「秩序＝国家」も法学的意味を持つ。

シュミットによれば、「規範＝法」、「秩序＝国家」、「決定」の三者すべてが法学、すなわち憲法学の対象となる。

以上、シュミットの国家観をまとめると、次のようになる。すなわち、「国家」＝「政治的統一体」＝「秩序」である。
なお、シュミットは「国家」＝「政治的統一体」＝「秩序」を構成する国民の形成の論理を次のように説く。

国民は、人民という一般的な概念に対して、政治的な特殊意識により個性化された人民を意味する。国民の統一性、およびこの統一性の意識には、様々な要因が寄与しうる。共通の言語・共通の歴史的運命・伝統と追憶・共通の政治目標と希望など(14)。

四　国家の存在論と認識論

以上、小嶋博士が影響を受けたというシュミットの国家論を見てきたが、小嶋博士ご自身明確に主張されているわけではないが、上で見たシュミットの論理を小嶋博士も承認されていたと判断し得るように思われる。すなわち、小嶋博士は、シュミット説くところの「国家」＝「政治的統一体」＝「秩序」を憲法学の対象として認めるとともに、シュミット同様、それが「法」に対し優位することを認めることによって、「国家」を不文の法源として認めることとされたのではなかろうか。

しかしながら、小嶋博士も指摘されるように国家なるものは可視的な存在ではないことから、可視的でない国家の存在及び認識がどのように根拠付け可能なのかが問われなくてはなるまい。

小嶋博士は、国家は「実体」ではないが、「実在性」を有する存在であると主張されるのであるが、小嶋博士ご自身、この考えを明確な論理のもとに展開されているわけではない。そこで以下、国家が実在性ある存在であるか否か、検討することとする。

一 横田喜三郎博士の所論

ところで「存在」については、横田博士が次のような類型化をなされた(15)。

①物理的存在
②心理的存在
③観念的存在

「国家が存在する」との命題が成り立ち得るとした場合、国家の存在は、どの類型に当てはまるであろうか。まず、以下において、上記三つの類型について横田博士の見解に従い略説したのち、さらに検討する。

①物理的存在とは、航空機、自動車、机、鉛筆等の物体である。そして物理的存在である

物体の特質は時間的及び空間的に存在することである。さらにこれら物体は自然法則に従う。自然法則には物理学的法則、化学的法則、生理学的法則、生物学的法則がある。

②心理的存在とは、感覚、感情、意欲などの心理的現象である。そして心理的存在である心理的現象の特質は、時間的に存在するが空間的には存在しないことである。さらにこれら心理現象は因果律、一種の自然法則に従う（これは横田博士の見解であり、心理現象に「意欲」まで含むとするならば意思の自由の存否の問題が生じるが、ここでは問題点の指摘にとどめる）。なお、意識の対象になるものが心理的存在ではないことに注意する必要がある。意識させるものが心理的存在となれば、航空機も自動車も机も心理的存在となってしまう。心理的存在とはあくまでも心理的現象そのものである。

③観念的存在とは、数、概念、命題などがあり、これらは物理的存在とも心理的存在とも異なる。そして観念的存在は、時間的、空間的存在ではない。また、自然法則、因果律にも従わない。なお、概念は思考作用の所産であり、命題は判断作用の所産であるが、概念や命題とそれぞれを生じさせる作用それ自体とは区別する必要がある。それぞれの作用自体は心理的現象であり、したがって心理的存在である。しかしながら、それら心理的現象（作用）の所産である概念、命題などは観念的存在である。

以上、存在に関する三つの類型について横田博士の所論に従い略説したが、横田博士によれば、①物理的存在及び②心理的存在は一般に「実在的存在」または「実在」と呼ばれる。すなわち「実在」の特質は、少なくとも時間的存在であり、自然法則、因果律に従うということである。観念的存在は実在的存在ではない。では、国家をどのような存在と捉えるべきか。

横田博士の見解を適用すれば物理的存在ではないであろう。では心理的存在であろうか。心理的存在とは、横田博士によれば心理現象を指すものであり、したがって国家は心理的存在でもない。残るは観念的存在であり、横田博士の所論に従えば、国家とは、さしあたり観念的存在と捉えなくてはなるまい。しかしながら、小嶋博士は国家を社会的実在と捉えられた。他方横田博士に従えば、観念的存在は実在ではない。横田博士は、①物理的存在及び②心理的存在のみが「実在」に当たると言う。

二 尾高朝雄博士の所論

横田博士の見解を適用すれば、国家とは実在ではない、となるが、このような捉え方が適当か否か検討の余地がある。

この点、尾高朝雄博士は次のように説かれる(16)。

国家は数学の法則や論理の命題の如く、歴史を超越して妥当する純観念的な対象でもない。国家は、人間の創造的精神活動によって永い歴史の過程を通じて徐徐に築造された大規模な社会機構であり、その点で飽くまでも社会及び歴史の制約の下に置かれた対象である（傍点本稿筆者）(17)。

尾高博士の所論からすれば、国家を横田博士説くところの観念的存在と位置づけることには問題が生じる。そこで次に、尾高博士の国家論を見ることとする。

尾高博士は、国家は実在するとし、次のように述べられる。

国家は、無数の行動人の永い世代に跨がる共同作業の成果として構築され、従つて、我々が今日これを学問的に認識しようとするに先立つて、既に客観界に実在する(18)（傍点本稿筆者）。

尾高博士も小嶋博士同様、国家の実在性を認められる。さらに尾高博士は国家につき、「『不可視の世界』に存在する対象が、如何にしてなほ且つ科学的に確認され得るか（傍点原著者）」(19)と問題提起され、次のように説かれる。

国家は超個人的な単一体としての団体である。而して、団体は自然の世界には存在せず、精神の世界をその存在領域とする[20]。

すなわち「自然の世界」とは、自然法則、因果律に従う、横田博士説かれるところの「物理的存在」と「心理的存在」を包含するものと考えて良いであろう。そして、これらの対象は、感性知覚の対象となり得るものと把握される。他方、「精神の世界」は、感性知覚の対象にはならないとし、次のように説かれる。

精神は、意味賦与の作用によつて成立し、賦与された意味を中核として存在するから、精神はまた、その意味を理解する者によつてのみ認識され得る。ディルタイによつて明らかにされた如くに、「理解」(Verstehen)は一切の精神科学的認識の根本である[21]。精神的対象は感性知覚を以てしては認識され得ない。精神的対象は「意味の理解」(Verstehen des Sinnes)または「意味的直観」(sinnhafte Anschauung)によって始めて把握される(傍点本稿筆者)[22]。

以上のように、国家とは、精神の世界における存在であるとされる。したがって、その把握は「意味の理解」あるいは「意味的直観」によって可能とされ、国家の認識論を次のように展開される。

国家の中核を成すものは、その組織的全体としての意味である。此の意味は独り意味の直観によつてのみ理解され得るが故に、国家を感性知覚によつて認識することは、最初から不可能である。……（中略）……感性知覚のみを認識の唯一の確実な淵源と考え、意味の理解、全体の直観を全て形而上学的独断として排斥しようとする者は、ただに国家を国家として認め得ないばかりでなく、人格的単一体としての個人の存在をも究極に於て否定するの他はあるまい。精神的事実対象たる個人存在の認識は、感性知覚を超越し、多数個人の複合的全体たる国家存在の認識は、更に個人存在の認識を超越する。客観的精神成態としての国家は、感性知覚を以ても認識され得ず、事実の経験によつても確認され得ず、独りただ高次の意味的直観を以てしてのみ、これを独自の単一対象として把握することが出来るのである（傍点本稿筆者）(23)。

尾高博士は、国家の実在性を認められ、「客観的精神成態としての国家」を説かれる。この尾高博士の見解に従えば、横田博士の存在に関する類型論の不備が指摘し得るであろう。横田博士は①物理的存在、②心理的存在、③観念的存在の三つの類型に整理されたが、尾高博士によれば、国家の実在性を認められ、国家を「精神の世界をその存在領域とする」、「客観的精神成態」と主張される。尾高博士の国家存在論は、横田博士の③類型の観念的存在に類似するが、横田博士は観念的存在の実在性を否定される。これをどのように考えるべきか。ここでは、さしあたり両博士の「実在」概念(24)は同一のものとして論を進めることとする。

尾高博士が国家の実在性を主張されるところ、観念的存在の実在性を否定される横田博士の論理からすれば、国家の実在性は、否定されなくてはならないであろう。しかしながら、尾高博士の主張が完全に否定されない以上、国家の実在性を全否定することはなし得ないと思われる。そこで仮に尾高博士の主張されるように国家の実在性が認められたとして、では、それはどのように認識可能なのか、さらに検討することとする。

尾高博士は国家の実在性を「客観的精神成態」として把握される。では、それはどのように認識、あるいは把握可能なのであろうか。

先に紹介したように、尾高博士によれば「客観的精神生態としての国家」は「高次の意味的直観」によってのみ捉えることが可能になるという。しかしながら、「高次の意味的直観」なるものを「認識」の一つのあり方を考えることができるであろうか。

三 「非理論的認識」と「内的経験」

この点高橋里美博士は認識について、「認識の認識たる所以は、それが実在する対象の知識なる点にある。それ故に認識現象は単なる意識現象ではなく、意識を超越するものである(25)」との前提のもと、次のように説かれる。

我々は理論的認識のほかになお種々の非理論的認識についても語りうるのである。例えば、我々は或る論理的事態を認識するという如く、また或る芸術的作品を認識するといい、或る道徳的行為を認識するという（傍点本稿筆者）(26)。

また、ホセ・ヨンパルト博士も「経験」の種別の観点から、認識の対象、認識の方法の違いについて次のように説かれる。

経験には――理性が容易に区別できる――二種類のものがあるからである。ドイツ語では、この二種類は empirische ないし äußere Erfahrung = Empirie と innere Erfahrung と呼ばれているが、以下、前者を「外的経験」、後者を「内的経験」と呼ぶことにしよう。私たちは自然の世界を五感によって認識できるのに対して、そうでないもの（例えば義務づけられていること、責任を感じることなど）は内的に《ママ》経験と認識することができる。だが、その対象と認識する方法が異なるため、二種類の経験とそれに基づく二種類の学問及び研究の方法論が区別されるわけである。いわゆる「経験論」ないし「経験主義」（Empirismus）の最大の特徴は、学問の世界では外的経験だけを認める点にある。換言すると、学問の世界で認められるすべての知識の源は外的経験だけで、それ以外の経験は学問には何ら役に立たないということである。したがって、この立場をとるとすれば、真の学問は「自然科学」のみということになる(27)（傍点原著者）。

ヨンパルト博士は「内的経験」を認識の対象、したがって学問の課題となり得ることを主張され、この「内的経験」は高橋博士が「非理論的認識」と呼称されたものと類似の性格を有するものと推測され得る。高橋博士及びヨンパルト博士の説かれるところを是認するとき、尾高博士の「高次の意味的直感」は、ヨンパルト博士の「内的経験」の一種、あるいは高橋博士の「非理論的認識」の一種と捉えることが可能となろう。

また、波多野精一博士も宗教哲学の立場から、「理論的認識」あるいは「外的経験」のみを学問の対象とすることについて、次のように批判される。

単に理論的な証明が不可能であると云ふ理由で、そのものの価値を否定するのは、終局は主知主義（intellectualism; Intellektualismus）に基く謬見であつて、かかる思想を固執する以上、私たちはひとり宗教のみならず、終には道徳や芸術の無価値をも語らねばならぬであろう。凡ての非理論的価値は証明によつてそれの妥当性を基礎附けられるのではない(28)。

以上のように、国家のように必ずしも「外的経験」できない存在についても「非理論的認識」の対象として十分成立し得ると思われる。

(四) 小結

以上まとめると、国家とは、人間の精神において実在する「客観的精神成態」であり、それは、「高次の意味的直観」という、「内的経験」あるいは「非理論的認識」によって把握可能な存在である。

小嶋博士は国家が実在するものと把握されていたが、ここで国家とは、「国家」＝「政治的統一体」＝「秩序」＝「客観的精神成態としての国家」と再構成し得るのものと解され、このように再構成することにより、その実在性を認めることが可能となるように思われる。このように考えてこそ「可視的な存在でない」国家の認識あるいは把握が可能となる。

なお、尾高博士が国家を「客観的精神成態としての国家」と捉える見解は、先に紹介したブルクハルトの「国家とは、現実的に（自らの）意思を持ち、（因果的な）心理的考察の対象となり得る現実的な実体（Wesen）ではなく、意味成態（Sinngebilde）である」との見解との親近性が認められるのではなかろうか。また、シュミットが説くように、「共通の言語・共通の歴史的運命・伝統と追憶・共通の政治目標と希望など」が「国家」を構成するのであろう。

五　憲法学と国家

一 憲法学における「国家」の必要性

次に考えるべきは、「国家」＝「政治的統一体」＝「秩序」＝「客観的精神成態としての国家」（以下、本章において、このような意味での国家を「客観的精神成態としての国家」と表記する）を不文の法源として憲法学に位置づけることの適否である。

この点、「客観的精神成態としての国家」は、「防衛制度のあり方」、「国家緊急権の問題」、さらには「旧憲法下における法令の合憲判断」などを憲法学の見地から検討する上で必須の事柄ではないかと思われる。したがって、国家を憲法学に位置づけること、とりわけ不文の法源としての国家を思惟することには十分な理由があると言うべきではないか。

例えば「防衛制度のあり方」について言えば、これは他国から自国への侵略に対応するための制度のあり方を定めるものであるが、侵略とは、憲法典の問題だけではなく、すぐれて「客観的精神成態としての国家」への侵略と解される。したがって、これに関連して多くの国においては憲法典に基づき軍隊を設置するだけでなく、国民に対し祖国防衛義務あるいは兵役義務を課す。イタリア憲法においては「祖国の防衛は、市民の神聖な義務である」（五二条）(29)と定めている。ここで「祖国」の語が用いられていることに注目すべきであろう。防衛制度のあり方を考える上で、「客観的精神成態としての国家」を無視することはできない(30)。

また、「国家緊急権の問題」とは「戦争・内乱・恐慌・大規模な自然災害等、平常時の統治機構をもってしては対処しえない緊急事態において、国家の存立を保全し、憲法の基本秩序を維持・防衛或いは回復するために、平時の立憲主義的統治機構を一部変更して一定の国家機関に権力の集中を認め、人権保障規定の一時的停止などの緊急措置をとりうる権能」(31)を認めるか否かの問題であるが、とりわけ、憲法典に定められた緊急権規定で緊急事態に対処し得ない場合、あるいはそもそも憲法典に緊急権規定が存在しない場合において、国家存立の保全を目的として、国家緊急権の名の下、このような権力の行使が認められ得るか否かが問われることとなる。この点小嶋博士は上記において紹介したように国家緊急権を肯定される。同様、大石眞教授も次のように説かれる。

およそ政治的共同体の存在を前提とする限り、国家緊急権は、いわば不文の憲法法理に基づくものとして認めなくてはならない(32)。

シュミットも緊急事態における「法」に対する「国家」=「政治的統一体」=「秩序」の優位性を主張していたが、「国家」の存在が認められる限り、国家緊急権の論理は肯定されるべきである。

また、「旧憲法下における法令の合憲判断」について、例えば工藤教授は次のように指摘される。

日本の憲法学も……（中略）……日本国憲法が日本の国家をはじめてつくり出したという考えを徹底させているわけではない。例えば、明治憲法下で制定された法律が日本国憲法下でも効力をもつ理由として、国家の同一性があげられている。明治憲法から日本国憲法へ、限界を超えた改正が行われても、国家の同一性が失われることはないのである(33)。

すなわち、憲法変更後においても旧憲法下の法令の合憲性を認める論理は、同一性を有する国家が存在し、そしてそのような国家が不文の法源として認識されることによって成立する。

しかしながら このような成文法を超える国家のような存在の法源性を認めることについては、次のようなラーバントの批判があり得る。

ある特定の実定法のドグマチクの科学的任務は法律制度（Rehtsinstitute）を解義すること、個々の法規をより一般的な概念へ還元すること、およびそれらの概念から生ずる帰結を引き出すことにある。これは……純粋に論理的な思惟活動である。この任務を遂行するには論理以外の手段は存しない。……すべての歴史的・政治的及び哲学的観察は―それ自体においてそれらがいかに価値多きものであろうとも‐具体的な法資料のドグマチクにとっては価値なきものである[34]。

しかし、憲法学において「歴史的・政治的・哲学的観察」が無価値であるとの見解の適否については問われるべき論点が存するように思われる。ここで「政治的観察」の意味が、ある特定の党派的主張、あるいは安手のイデオロギーを憲法学に取り込むことを意味するとすれば、それは強く排斥されるべきである。また、憲法学をある種の政治権力の手先と位置づけることももとより許されない。このような意味での「政治的観察」は排除されなくてはならない。

他方、憲法学から「歴史的観察」や「哲学的観察」までも排除することが適当か否かについては検討の余地がある。

二 憲法学の前提としての「生の哲学」――田邊元博士の所論に基づく検討

かつて田邊元博士は、哲学を「学の哲学」Philosophie der Wissenschaft と「生の哲学」Philosophie der Lebens の二つの潮流に分類された(35)。前者はリッケルトに代表される新カント派、現代においては論理実証主義の立場がこの系譜に属する。また、後者の代表にフッサールの現象学があり、この系譜には、ディルタイ、ジンメル、ハイデガー、ガダマーの哲学が連なる。

そして、このような哲学の潮流に沿って、様々な憲法学が構築されているように思われる。つまり、前者の「学の哲学」に連なる憲法学（公法学）がラーバントのそれであり、特にケルゼンが新カント派に依拠したことは周知のとおりである。後者の「生の哲学」に連なる憲法学（公法学）がシュミットや小嶋博士のそれ、とさしあたり類型化し得る。尾高博士の国家論は、明らかに後者、すなわち「生の哲学」の系譜に連なる。

新カント派に代表される「学の哲学」は「必然的普遍妥当なる学的認識」(36)を目指すものであり、「生の哲学」との対比においてその特徴を一言で言えば「直接に與へられた体験的原始事実を認識の根拠とすることを肯ぜず、飽くまで論理のみをその根拠としようとする」(37)ところにあると言える。他方、「生の哲学」とは「学の哲学」との対比で言えば、「直接なる体験の理解に由つて自然科学と異る認識の方法に従ひ、その対象界に対立乃至君臨する精神世界の世界を哲学の領域にしようとするもの」(38)と言える。ここから「意味的直感」によって国家を把握される尾高博士の国家論が、「生の哲学」に連なることが判明する。もとより、「学の哲学」と「生の哲学」とを排斥的な関係にあると捉える必要はないであろう。というのは、「生の哲学」を支持するからといって、単なる主観の所産をもって学と称させることは許されないのであり、この点において客観性を重んじ、カント的意味における「批判」の姿勢を保持する「学の哲学」には、とりわけその手法において学ぶべき点があると思われるからである。とりわけ解釈論のレベルで双方の哲学的手法が有効になるものと考えられる(39)。

しかしながら憲法学において国家を問題とする本稿においては、次の田邊博士の見解に基本的には従いたい。

哲学は本来世界観の要求に発し、而して世界観は何等か形而上学的統一原理に由つて完成するものであるとするならば、学の哲学は本来その点に不満足あることを免れない。仮令斯かる形而上学的原理は学的認識の内容となる能はず、直感体験の対象として論理の要求する如き厳密なる普遍妥当性を共有する能はずとするも、尚「生の哲学」の立場から理解の対象となることができるであろう。斯様に哲学そのものの立場から観て、その本来の要求上「学の哲学」には不満足なる点があり、「生の哲学」は之に対する長所を有することを認めなければならぬ(40)。

憲法学の前提としての哲学は、とりわけ条文の解釈論のレベルで「学の哲学」に学ぶべき点があると思われるが、基本的には「生の哲学」の方法論を重んじるべきではなかろうか。というのも本稿が課題とした「国家」はもとより「憲法」の他、例えば近時、石川健治教授が「制度体保障」の対象と捉えた「天皇制」(41)などの概念は、歴史、伝統の蓄積を経て構成されてきたものである。そしてこれら概念は、実体として目に見えて存在するものではない。憲法学の対象である言葉、概念は歴史、伝統の蓄積の上に構成された「意味」の塊(42)であり、自然科学が超歴史的な「物質」を対象とするのとは異なることに注意しなくてはならない。憲法学における「意味」(43)理解は不可欠な作業なのである。「意味」理解の性質に鑑みれば、憲法典の個々の条項の文言みからでは、憲法典の意味をも正しく認識することはできない(44)。

つまり、学における歴史、伝統を踏まえるということは、いわば学の構成において必要不可欠な方法である、ということである。憲法学において、ラーバントが否定した「歴史的観察」、「哲学的観察」は学として否定することのできない方法であるものと思われる(45)。

なお、憲法学において不文の法源として国家を位置づけことの適否に関しては、次の菅野博士の説かれる点に注目したい。

「国民の政治的統一体」＝「国家」の価値は憲法を解釈《アウスレーゲン》する場合に考慮されねばならぬ重要な因子ではあっても、これを至上のものとし、憲法の自由な処分を正当化するものとして承認することは、憲法学の自殺行為になりかねない(46)。

菅野博士が指摘されるように、憲法の自由な処分を正当化するために「国家」を憲法学に持ち込むことは許されない。不文の法源としての国家はあくまでも憲法規範の一部として位置づけられるべきものである。ところでここで注目したいのは、自然法論を排斥され、法実証主義の立場にある菅野博士が、「国家」を憲法解釈の際の「重要な因子」であることを認められている（少なくともその余地を認められている）点である。法実証主義の立場においても「国家」を憲法規範の一種と捉えることが可能である、ということである。

六　むすびにかえて

以上、小嶋博士が説かれた国家を「国家」＝「政治的統一体」＝「秩序」＝「客観的精神成態としての国家」と再構成することにより、その実在性を肯定するとともに不文の法源としての国家認める立場からの憲法学の一つのあり方について論じた(47)。

他方、本稿では論じられなかったが、国家の実在性を認めない、例えば長谷部恭男教授の所論がある。長谷部教授は次のように説く。

国家というものは、つきつめれば我々の頭の中にしかない約束事であるから、その存在を認めないという考え方をとることもできる(48)。

この長谷部教授の所論は小嶋博士のそれとは対蹠的なものであろう。長谷部教授によれば国家とは、個々人の「約束事」に基づくというのである。長谷部教授の所論は国家の実在性を否定するものである。しかしながらこのような認識に基づく憲法学の当否については、本稿の立場からの批判的な検討が必要であろう(49)。

ところで、「国家」を憲法学に位置づけることの適否とは別に、この意味の「国家」に対する認識が多数の国民において欠如した時、論理的には、結果として「国家」の滅亡が語り得ることになろう。かつて岩崎卯一博士は「愛国感情の枯渇せる国家の運命には、唯だ死滅あるのみと言い得るであろう」(50)との見解を示された。この点に関し本稿筆者の理解を示せば、次のとおりである。「国家」を愛するのか否か、また、「愛国感情」の有無、あり方、あるいはその程度によって、「国家」のあり様それ自体も変化する。そして究極的には、「愛国感情」が「枯渇」した場合には、それまで存在していた「国家」それ自体が融解、消滅することとなる(51)。

最後に、田邊博士の整理による「生の哲学」の系譜に属するハイデガーの「科学（学問）は思惟しない」Die Wissenschaft denkt nicht.(52)について、本稿の趣旨に照らし触れておきたい。ハイデガーが「科学（学問）は思惟しない」という命題の下において何を思念していたか。ハイデガーは歴史学を例に次のように論じる。

歴史学（Geschichtswissenschaft）は、例えばある時代をあらゆる可能な観点からのみ徹底的に研究するが、歴史とは何かということについては、歴史学は決して究明することはない。歴史学は、歴史とは何かということについて、科学的に究明することは全くなし得ない(53)。

ハイデガーが「思惟する」と判断しているものの一つに、「学の根源を問う」、ということが認められるであろう。歴史学は「歴史とは何か」を明らかに出来ないのである。同様に、自然科学は「自然」を究明することはできない。このハイデガーの「科学（学問）は思惟しない」という批判を素直に受け止め、「学の根源を究明する」必要がある、という立場を憲法学に適用してみよう。憲法とは「国家の基礎法」(54)といわれるが、「国家」とは何かを問わない憲法学では、それはまさに「憲法学は思惟しない」と言う命題を成立させてしまうことになる。憲法学は憲法典の解釈のみに従事する、ハイデガーが用いるところの〝Wissenschaft〟にとどまることが許されない性質を有する「学問」[55]なのではなかろうか。ハイデガーのこの命題すなわち、「科学（学問）は思惟しない」は、既存の憲法学に大きな反省を促すように思われるのである[56]。

（平成二一年一〇月一一日脱稿）

（1）　工藤達朗「憲法改正限界論」『憲法学研究』（尚学社・二〇〇九年）二三七頁。ただし工藤教授は、「けれども、解釈論はこのような生活している人間の視点を取り込むものなのではないか」（二三八頁）とも述べられ、「学問的に不純」な「学？」に肯定的である。

なお、本稿全体に対しては、次のような批判が予想される。すなわち、「国家や社会を実在するかのように語ることは、決定的に誤っていると私は考えている（傍点本稿筆者）」、「知力の高い社会学者・政治学者は、国家や社会を実体化しないようにと、重々留意しているはずだ。国家や社会は、実在の単位である個人および結社の活動を通して把握の対象となる抽象的観念にすぎない（傍点原著者ゴシック体）」と説かれるのである。阪本昌成『憲法Ⅰ国制クラシック（第二版）』（有信堂・二〇〇四年）五頁。本稿は、国家の実在性を認めるのであるが、国家を実体的存在とは捉えていない。小嶋博士もそうである。本稿は、「実在」概念と「実体」概念を区別し、阪本教授が「抽象的観念にすぎない」と説かれる国家の実在性を認める立場にある。国家を「実体としては存在しない」が、「実在する」ものと捉えている。また、阪本教授は、「憲法のある論点は、ときに歴史と思想史を振り返ってはじめて理解できることが多いのだ」（一四頁）とも述べられるところ、本稿が説く国家とは、「憲法のある論点」同様、「歴史」、「思想史」を振り返ってこそ理解し得る存在である、と考えられる。阪本教授と本稿の差異は、単純化すれば、国家を「抽象的観念にすぎない」と捉えるのか、「抽象的観念だが実在する」と捉えるのか、にあるように思われる。阪本教授も国家を「抽象的観念」としてはその存在を認めておられる。そのような存在も「実体」（他の何ものにも依存せず、かつ目に見える存在）ではないが「実在」するものと捉えられるのではないか。「実在」概念と「実体」概念の違いについて冷静な対話が行われれば、阪本教授と本稿の立場は収斂するのではなかろうか。

（2）小嶋和司「法源としての憲法典の価値について」『憲法解釈の諸問題』（木鐸社・一九八九年）五〇四〜五〇五頁。

（3）小嶋・前掲注（2）五〇八頁。

（4）小嶋・前掲注（2）五〇五頁。

（5）Georg Jellinek, *Allgemeine Staatslehre*, 3. Aufl., 1920, S. 174.

（6）Walther Burckhardt, *Die Organization der Rechtsgemeinschaft*, 2. Aufl., 1944, S. 126. 本稿注（7）、（8）は、ブルクハルトが当該頁の注において参照を求めている著作である。ただし、シュタムラーの著作についてブルクハルトは初版の参照を求めているが、初版の参照はかなわず第二版を用いたため、ブルクハルトが参照を求めた頁（八四頁）とは異なる。なお、ブルクハルトの当該注に次の独文が記載されている。Das Denken und Wollen eines Verbandes ist immer das Denken und Wollen eines Menschen.

（7）Heinrich Rickert, *Allgemeine Grundlegung der Philosophie*, 1921, S. 330.

（8）Rudolf Stammler, *Theorie der Rechtswissenschaft*, 2. Aufl., 1923, S. 51.

（9）菅野喜八郎・小針司『憲法思想研究回想』（信山社・二〇〇三年）二四四頁。また、小嶋博士は次

のようにも述べられており、スメントからの影響も受けておられる。すなわち、「そもそも国家は、五感によって覚知される実在ではなく、人間の精神生活上の存在、『精神的実在』（スメント）である」と。小嶋和司「憲法と憲法典について」『憲法学講話』（有斐閣・一九八二年）二一頁。この点スメントは次のように述べる。「集団としての国家の実在性とは、自然的実在性ではなく、流動的生である精神的生の実在性としての文化的達成体（Kulturerrungenschaft）である」。Rudolf Smend, Verfassung und Verfassungsrecht, *Staatsrechtliche Abhandlungen und andere Aufsätze*, 3. Aufl.,1994, S. 134-135. なお、このようなスメントの論理は、後に検討する尾高朝雄博士の論理との類似性が認められる。

（10）Carl Schmitt, *Verfassungslehre*, 8. Aufl. 1993, S.1. 尾吹善人訳『憲法理論』（創文社・一九七二年）三頁。

（11）*Ibid.*, S.22. 尾吹訳・前掲注（10）二九頁。

（12）Carl Schmitt, *Politische Theologie*, 7. Aufl., 1996, S. 18.

（13）*Ibid.*, S. 18-19. なお、ここでEntscheidungを「決定」と訳したが、シュミットがEntscheidungを事実としての決定行為の意味で用いているのか、それとも決定行為の所産としての（当為）命題の意味で用いているのかについては検討の余地があるが、ここでは問題提起にとどめたい。菅野喜八郎「C.シュミットの憲法概念について」『論争 憲法――法哲学』（木鐸社・一九九四年）一九四〜二一八頁参照。

（14）Carl Schmitt, *Verfassungslehre*, S.231. 尾吹訳・前掲注（10）二八五頁。

（15）以下の記述については、横田喜三郎『純粋法学論集Ⅰ』（有斐閣・一九七六年）一一六頁以下を参照。

（16）ここで尾高博士の著作を参照する理由を述べておきたい。尾高博士の著書『国家構造論』は、国家論における「存在論」及び「認識論」の双方に目配りした我が国随一の国家論であり、とりわけ「不可視」の存在である国家の把握方法、すなわち「認識論」について自覚的であり、小嶋博士の所論を発展させる上で適切な著作であると判断したからである。なお、尾高博士の『国家構造論』の他、国家論における「存在論」と「認識論」双方について論じたものに、岩崎卯一『国家の存在性』(関西大学出版部・一九四九年)があるが、尾高博士の著作に比し、論理の一貫性に欠ける憾みがあるように思われる。ただしこのことをもって、岩崎博士の本著作が国家論の貴重な存在であること自体否定されるわけではないことは言うまでもない。

(17) 尾高朝雄『国家構造論』(岩波書店・一九三六年)三一頁。

(18) 尾高・前掲注(17)三七頁。

(19) 尾高・前掲注(17)九八頁。

(20) 尾高・前掲注(17)一〇二頁。

(21) 尾高・前掲注(17)一〇四頁。なお、ここで尾高博士が参照をも求められるディルタイは、周知の如く「生の哲学」に属する。ディルタイは自己の哲学である「精神科学(Geistwissenschaft)」について「精神科学は体験(Erlebnis)、表現(Ausdruck)及び理解(Verstehen)に基づく」(Wilhelm Dilthey, *Gesammelte Schriften*, Bd. Ⅶ, 1927, S. 131.)、「生(Leben)とは体験(Erleben)、理解(Verstehen)及び歴史的把握(geschichtlichem Auffassen)においてのみ存在する」(*Ibid.*, S. 291.)と説く。ディルタイは、認識を含む人間の生としての心的契機における「体験」、「表現」及び「理解」、とりわけその基盤としての「歴史」を重視する。なお、ディルタイのWissenschaft概念と後に触れるハイデガーのWissenschaft概念は異なるように思われる。

(22) 尾高・前掲注(17)一〇五頁。

(23) 尾高・前掲注(17)一二五頁。

(24) 中世哲学史の泰斗ジルソンは「実在」概念について、次のように整理する。「或る哲学者たちが

existerという動詞の本来の意味に忠実であって、神は存在するestが、正に神は存在estするが故に、実在existeしないと言う……（中略）……この意味は殆ど全く使用されないようになっている。即ちexistenceという語は、『現実的存在』être actuelという言い方と実際同義になっていて、以後フランス語では、思惟によって理解されうる対象としてだけでなく、勝義に於て、真に存在すること、事物の現実性の中にあることを意味する（傍点本稿筆者）」と。エチエンヌ・ジルソン／安藤孝行訳『存在と本質』（行路社・一九八六年）三〇一頁。横田、尾高両博士ともに、「実在」の語の下に、ジルソンの整理である「真に存在すること」を観念されていると思われる。

(25) 高橋里美『認識論』（岩波書店・一九六八年）一三三頁。
(26) 高橋・前掲注（25）二六〇頁。
(27) ホセ・ヨンパルト『法の世界と人間』（成文堂・二〇〇〇年）一二頁。
(28) 波多野精一「宗教哲学の本質及其根本問題」『波多野精一全集 第三巻』（岩波書店・一九六八年）二〇九頁。
(29) 訳は、阿部照哉・畑博行編『世界の憲法集（第三版）』（有信堂・二〇〇五年）二五頁に従った。
(30) 大石眞『立憲民主制』（信山社・一九九六年）一九頁参照。
(31) 新正幸「緊急権と抵抗権」樋口陽一編『講座 憲法学1』二一六～二一七頁。
(32) 大石・前掲注（30）二〇～二一頁。
なお、百地章教授は国家緊急権に対する小嶋博士の所論を重視され、「緊急権をめぐる諸論議のうち、最も困難でありかつ核心的部分の一つがこの超憲法的国家緊急権の問題であることはいうまでもない。この点、憲法典と憲法典を超える不文の法の関係について考察し、後者によって超憲法的国家緊急権を是認する小嶋教授の諸論文は、論議を進展させる上できわめて有益である。国家、憲法、憲法典の関係について、透徹した認識が要求される所以である」と述べられている。百地章「国家緊急権」小嶋和司編『ジュリスト増刊 憲法の争点（新版）』（有斐閣・一九八五年）二一八頁。

(33) 工藤・前掲注（1）二三八頁。

(34) 宮沢俊義「公法学における政治」『公法の原理』（岩波書店・一九六七年）四五〜四六頁から引用。

(35) 田邊元「認識論と現象学」『田邊元全集第四巻』（筑摩書房・一九六三年）三七頁参照。

(36) 田邊元「現象学の発展」『田邊元全集第一五巻』（筑摩書房・一九六四年）三八頁。

(37) 田邊・前掲注（36）三八頁。

(38) 田邊・前掲注（36）三九頁。

(39) 憲法九条の「解釈」を例に考えてみたい。周知のように憲法九条をどのように理解すべきかについては、様々な意見が「憲法解釈」の名の下になされているところ、「憲法解釈」には次の二つの異なる局面から理解することができる。つまり、「枠の確定」レベルの解釈と「枠内からの選択」レベルの解釈である。すなわち憲法九条に関しては、その文言から、自衛隊（法）の合憲論、違憲論が成立し得るものと把握するとき、これは「枠の確定」レベルの解釈である。他方、違憲・合憲双方の解釈が成り立つとして、どちらの解釈を採用すべきかは、「枠内からの選択」レベルの解釈である。これを先の「学としての哲学」と「生の哲学」とに当てはめれば、さしあたり、「枠の確定」レベルの解釈は「学の哲学」による方法により、また「枠内からの選択」レベルの解釈は「生の哲学」に基づく方法による、と考えることが可能である。

例えば菅野喜八郎博士は、憲法解釈について次のように説かれる。「①一つの法文の文理上可能な解釈は無制限ではあり得ず、若干個に限定される。その法文の文理上可能な意味の総体の確定が『法のワク』の確定だろう。②通常、法の解釈と呼ばれている作業は、こうした『法のワク』内での、文理上可能な複数の解釈の中からの、何らかの理由に基づく一箇の選択という意志行為であるから、特定の解釈のみを真とし、他の解釈を偽とする根拠はない。どの解釈が、より説得力をもつかのみが問題となる（丸数字本稿筆者）」と。菅野喜八郎「『自衛隊の「合法・違憲」説』について」『論争 憲法――法哲学』（木鐸社・一九九四年）一一五頁。

菅野博士の所論に本稿筆者の考え方を対応させれば次の様になる。菅野博士の①以下の所論が本稿の「枠の確定」レベルの解釈に、菅野博士の②以下の所論が本稿の「枠内からの選択」レベルの解釈にそれぞれ対応する（ただし菅野博士は「枠の確定」について解釈の語を用いていないことに注意を要する）。しかしながら、②以下における「特定の解釈のみを真とし、他の解釈を偽とする根拠はない」との見解に従うことについては、現時点においては留保したい。なぜなら、②以下のレベル、すなわち「枠内からの選択」レベルの解釈においても、厳密な解釈を行えば、「枠の確定」のレベルと同等の相当程度客観的な解釈が可能であると考えられるからである。この点菅野博士は、他の著作において、ここで言うところの②のレベルの客観性ある解釈作法について問題提起されたことがある。菅野喜八郎『国権の限界問題』（木鐸社・一九七九年）二四九頁注（1）参照【本書二一四頁注(14)参照】。憲法解釈における「枠内からの選択」の具体的方法については、今後の検討課題ではある。なお、赤坂正浩「憲法解釈の枠と憲法変遷論」『立憲国家と憲法変遷』（信山社・二〇〇八年）五八一～六一〇頁参照。

(40) 田邊・前掲注（35）三八～三九頁。

(41) 石川健治『自由と特権の距離（増補版）』（日本評論社・二〇〇七年）二三六頁参照。

(42) ヨンパルト博士は「言葉」と「法」の関係について次のように説かれる。「言葉こそ文化の塊なのである。（傍点本稿筆者）」と。ホセ・ヨンパルト『学問と信仰の世界――特に法学の場合』（成文堂・二〇〇二年）六六頁。さらに、「言語を通じて行われる条文の理解は、その条文を理解しようとする者の何らかのVor-urteilまたはVor-verständnisを常に前提とするものであり、言わば条文の理解は、実は知覚する者が前もって（Vor）有している判断と知識（Urteil, Verständnis）から始まるということになる（傍点原著者）」とも述べられる。ヨンパルト・前掲注（27）六七頁。

(43) 山内得立博士は「意味」について、「意味は存在をして実存ならしむるものである。意味によって事物は単なる事物たることをやめて生きたる事物とならしめ得る。それは恰も自然の音を人間の声に生動せしめることに似ている。音は物理的存在ではあるが声は意味あるものでなければならぬ。……（中略）……音はそこにあるが、それが声として実存するのは意味によって、または意味に於てであった」と説かれる。山内得立『意味の形而上学』（岩波書店・一九六七年）一八頁。

(44) ケルゼンが説く「法学は認識であり、法の形成ではない」（Hans Kelsen, *Reine Rechtslehre*, 2. Aufl., 1960, Nachdruck, 1992, S. 75.）という命題それ自身と本稿は、必ずしも排他的関係にあるものではないことは指摘しておきたい。ただし、ケルゼンと本稿の立場の違いは、「認識」概念及び「認識」方法の違いに求められる。

(45) 工藤教授は天皇制を例にとり、「憲法がすべての制度を新しくつくり出せるわけではない」ことを指摘される。工藤・前掲注（1）二三八頁。ここで工藤教授が使用される「憲法」とは何かが論点となるが、基本的に妥当な見解であると思われる。本稿の立場から「天皇制」について述べれば、「天皇制」とは「客観的精神成態としての国家」の一部を構成するもの、と捉えることができるものと思われる。

(46) 菅野喜八郎「憲法制定権力論と根本規範論」前掲注（39）『論争　憲法―法哲学』二二三～二二四頁。

(47) ただし、「国家」を不文の法源として認めることについては、方法二元論の立場から、「国家の実存」という「事実」から「国家の実存を図るべし」という「当為」を導出するものであり、論理的に成立し得ない、との批判があり得る。

例えば方法二元論について菅野喜八郎博士は、「方法二元論についての私なりの理解を述べると、言明・認識命題と規範・当為命題・『価値命題』とは異なるのだから、言明から当為命題を、又逆に当為命題から言明を帰結することは論理的に不可能だという主張、もっと俗な言い方をすると、冷厳な事実の認識と自己の願望、『のぞみ』とは異なるのだから、両者を混同してはならぬ、という主張である」と説明される。菅野喜八郎「いわゆる峻別論について」前掲注（39）『論争 憲法―法哲学』九七頁。

この問題に答えることは非常に困難であり、未だ考えが熟しているわけではないが、さしあたり次のように考えたい。国家が不文の法源であるということは、国家が実在するという事実から正当性が導出されるのではなく、国家が実在すること自体に価値があり、したがってその価値を規範論的に言い換えれば「国家は実存すべき」という当為命題となり、さらに当該当為命題が憲法に優先して妥当する、あるいは当該当為命題が憲法の中核的規範と位置づけられることにより、国家が不文の法源となる、と。前掲注（11）のシュミットの見解は、このように再構成し得る余地があるのではなかろうか。なお、この問題については、引き続き考えていきたい。

(48) 長谷部恭男『憲法（第四版）』（新世社・二〇〇八年）六頁。

(49) 「国家」を「実在する」と捉える立場と「我々の頭の中にしかない約束事」と捉える立場との対立は、多少オーバーに表現すれば、「普遍」に対する「実在論」と「唯名論」との対立、中世哲学における「普遍論争」に比することが可能なようにも思える。

(50) 岩崎・前掲注（16）二九頁。

(51) ただし、国家が滅亡し得るということは、国家の可変性が語り得るにしてもその可変性には限界が存する、ということでもある。つまり、国家を構成する要素がすべて可変的、偶有的なものであったならば、それは国家の消滅さえ言及不能となってしまう。個々の具体的国家においては、国家をして国家たらしめている特有性を有する構成要素が認められなくてはならない。すなわち、「客観的精神成態としての国家」は、可変的な偶有的要素と不変的な特有性を有する要素から成り立っている、と考えられる。

(52) Martin Heidegger, *Was heisst Denken?*, 1954, S. 4.

なお、ハイデガーの'Denken'と'Wissenschaft'の区別に基づき法学のあり方について論じられたものは、管見では山口邦夫教授の論考をもって嚆矢とする。山口邦夫「『実定法学』と『哲学』との間——Die Wissenschaft denkt nicht.(M. Heidegger)を契機に——」『帝国崩壊後(一八〇六年)のドイツ刑法学』(尚学社・二〇〇九年)一三三〜一四二頁参照。

ところで本書には、訳書として四日谷敬子・ハルトムート・ブフナー訳『思惟とは何の謂いか(ハイデッガー全集第八巻)』(創文社・二〇〇六年)があるが、一部適切に訳されていない箇所があると思われることから指摘しておきたい。すなわち、「ここ〈科学と諸科学とのあいだ〉にはいかなる橋もなく、ただ跳躍あるのみである」(一四頁、傍点本稿筆者)の〈 〉内の傍点箇所である。原文は Es gibt keine Brücke, sondern nur den Sprung.(S. 4-5.)とあり、このEsをどのように解するかが問題となる。〈〉内は訳者が補った箇所であるが、ハイデガーがここで主張したかったことは、'Denken'と'Wissenschaft'の性格の違いを際立たせることにあると考えられることから、訳書の当該補い方に違和を覚えたのである。ここでEsとは、この箇所の前の行にある die zwischen dem Denken und den Wissenschaften (S. 4) を指すように思われる。したがって Es = die zwischen dem Denken und den Wissenschaften と解することが適当である。したがって、「ここ〈思惟と諸科学とのあいだ〉にはいかなる橋もなく、ただ跳躍あるのみである」、と訳す(補う)すべきであろう。なお、ハイデガーの同名の論文(Martin Heidegger, Was heißt Denken?, *Vorträge und Aufsätze*, 1954, S. 134.)に次の文章が見られ、本稿筆者の理解の正しさを裏書きするように思われる。Es gibt von den Wissenschaften her zum Denken keine Brücke, sondern nur den Sprung.

また、「思惟」について、ギリシャ哲学の田中美知太郎博士と文芸評論家の小林秀雄氏との間でやりとりがあり、参考に値するものと思われることから以下記しておく。

田中　抽象的といってもやはり言葉でしょう。数学的に考える場合は、シンボルで考える。しかし数学者なんかでも案外ものを考えてないのじゃないですか。

小林　数字にたよってね。

田中　ホワイトヘッドがそういうことを言ってました。数学は思考の練習になるというが、そんなことは嘘だ。ただシンボルを操作しているだけで実際は考えていないことが多い。

小林　そういうことはたしかにあるね。〝数学者は実はものを考えていないのだ〟というような言葉は、なかなかわかりにくいのじゃないかな。つまり、合理的に考えようとすることは、極端にいえば数式に引張られている状態になるわけで、ほんとうの考えというものは、合理的にいくものではないんじゃないか、というようなことを私はよく考えますね。

田中　考えるということは、案外感覚的なものですね。イメージとか言葉に捉われない純粋な思考というのは、一種のあこがれみたいなものでしょうね（傍点原著）。

小林　ぼくら考えていると、だんだんわからなくなって来るようなことがありますね。現代人には考えることは、かならずわかることだと思っている傾向があるな。つまり考えることと計算することが同じになってくる傾向だな。計算というものはかならず答えがでる。だから考えれば答えは出るのだ。答えがでなければ承知しない。小林秀雄『小林秀雄対話集』（講談社文芸文庫・二〇〇五年）三二六〜三二七頁。

（53） Martin Heidegger, *Was heisst Denken?*, 1954, S. 57.

（54） 赤坂教授は、憲法学における国家論研究の意義及び憲法学界の現状について次のように指摘される。「『国家の基礎法』を対象とする学問にとっては、本来、国家の研究は不可欠の作業であろうが、さまざまな事情から憲法学界の国家論研究は低調である」と。赤坂・前掲注（39）六一三頁。

（55） ヨンパルト博士は、「学問」には、Wissenschaft に還元しきれない領域があるとして次のように論じられる。「外国語の『知る』という意味での science（ラテン語、scire＝知る）または Wissenschaft（ドイツ語、wissen＝知る）という言葉よりも、外国語に翻訳されえない『学問』という言葉の方が適切だと思われます。この中国生まれの言葉は、もともと『問いかけて学ぶ』という意味で理解されたらしいが、とにかく『学問』は『学』のことだけでなく、『問』も含まれており、この言葉で人間の不知も表現されていると私は理解しています」と。ホセ・ヨンパルト『学問と信仰——一法学者の省察』（創文社・二〇〇四年）一三三頁。

（56） 憲法学も Wissenschaft の一種であることから、「科学（学問）は思惟しない」について、価値相対主義の立場から「それでいいではないか」、と開き直る声が聞こえそうであるが、他方、正当にも山口教授はハイデガーの命題を肯定的に捉えられ、「学の『前提』そのものに対する懐疑を一度も懐くことなく、ただ、諸前提をそのまま受容し、展開される論理は、はたして本当に人間のためになる『学』そのものなのだろうか（傍点原著者）」と問題提起される。山口・前掲注（52）一三四〜一三五頁。

〈付録〉

アメリカ国家の根底にあるもの覚書

——「資本主義」がアメリカの国民性にあたえた影響

キリスト教と唯物主義（功利主義を含む）——将来或いはヘブル主義とギリシャ主義というさらに古き形式に還元せられるだろうか？——は世界を二分するであろう。

新渡戸稲造『武士道』

一　課題と方法

アメリカとは広大な国土を有し、しばしば「人種の坩堝」などと呼ばれる多様な人種（民族）の集団からなる巨大国家である。白人、黒人、東洋人等様々な人種からアメリカ人は形成されている。白人といってもアングロ・サクソン系、ゲルマン系、ラテン系などに分類可能であり、東洋系においても中国系、韓国系、日系などにこれまた分類され、様々な人種がアメリカ社会を構成している。また、北部と南部、東部と西部というように、地域的な文化の違いが指摘されることもある。

しかしながら人種や地域的な文化の違いが指摘されようとも、アメリカが政治社会として統合され、国家を形成しているという点に着目すれば、人種の違いなどを超えたアメリカ「国民」が国家の主体であると理解することはそう難しいことではなかろう。そしてこのことを承認するのであれば、アメリカにおいて「国民」を形成する、あるいは人種的な違いや地域的文化の多様性を包括するような共通の枠組みを見定めることが重要となるのである。

つまり、アメリカの「国家」あるいは「国民」の性格を研究するにあたっては、文化、社会等の各領域における多様性に目を奪われてはならないのであって、多様な文化的背景を持つ多人種（民族）からなるアメリカを統合、統一させている要因は何か、という点に着目する必要がある。なぜなら、人種（民族）の多様性からは、国家の統一、あるいは政治社会の統合の要因を導出することはできないからである。

本稿は、まず「アメリカ人の国民性」の語を「アメリカ人一般に見られる統一的な行動様式、あるいは精神構造（思考法）」と理解した上で、特にアメリカ人一般の行動様式、精神構造（思考法）を成立せしめている契機如何、という視点からアメリカの国家あるいは国民の性格（国民性）について検討するものである。もとより、「国民性」なる言葉の概念の検討それ自身重要な課題であることは承知しているが、本稿においては国民性の本質を「国家を統合させている包括的枠組み」と理解し、国民性を「国家を構成する契機として国家を形成する人間の間に共通する思考、行動様式」とさしあたり定義し、以下論じたいと思う。

そこで以下、はじめに国家一般の構造を概観し、それを起点としてアメリカ国家の特質、すなわちアメリカ国家の根底にあるものとその内実について検討する。

結論を先取りすれば、アメリカ国家の特質、根底にあるものは、建国以来発展し続けているアメリカ独特の資本主義(1)のあり方に見いだせる。「アメリカ的なるもの」、「アメリカ文化」の特異性を思い浮かべたとき、まさにアメリカ人の経済に対する態度、言い換えれば「資本主義の精神」が他国の国民性に比し、際立つ。いわゆる「アメリカ的生活様式」（アメリカン・ウェイ・オブ・ライフ）という言葉に込められているのも、まさに経済的豊かさを貪欲に追い求めるアメリカ人の姿である。本稿の副題を「『資本主義』がアメリカの国民性にあたえた影響」とした所以である。

二　一般的国家構造とアメリカ国家

アメリカの国家としての特質を考えるにあたって、まずはじめに、一般的な国家のあり方について考えてみたい。なぜなら一般的な国家構造を見ることにより、アメリカ国家の特異性が浮き彫りに出来ると思われるからである。さしあたりここでは、尾高朝雄博士の著作『国家構造論』の所説を概観してみたい。

尾高博士は国家一般について次のように論じられる。

国家は一つの社会団体である。従つて、国家の実在の問題は先ず社会団体の実在の問題として取扱はるべきである。然るに、社会団体の実在を直接に底礎するものは、その団体に属する多数人の相互的事実活動に他ならない。かくの如き多数人の相互的事実活動は、これら多数人の間の多様な社会関係の経過として成立する。故に、社会団体の実在性を明らかにするためには、我々は、第一に社会関係一般の構造を究め、第二に社会関係の主要形態を分析し、更に第三に、如何なる社会関係が勝れて団体の実在の基礎たり得るか、を論述して行く必要がある(2)。

尾高博士が言われるように、「国家」の社会団体としての性質を究明するためには「社会関係一般の構造」及び「社会関係の主要形態」についての検討が不可欠であろうが、ここでは「国家の社会団体としての実在の基礎」を尾高博士が如何に捉えられていたのか見てみたい。アメリカ国家の特異性は、「国家の社会団体としての実在の基礎」に見いだせると思われるからである。

尾高博士は「国家の社会団体としての実在の基礎」を「基盤社会」と呼び次のように概念規定される。

一切の目的活動、一切の合理的生活の基底に横たはつて、人と人との内面非合理の結合を維持して行く此の本然の社会を、我々は「基盤社会」と名付けることが出来よう(3)。

さらに国家と「基盤社会」との関係について、次のように論じられる。

国家は直接に基盤社会に根を下す団体、直接に基盤社会に根を下さうとする団体、直接に基盤社会の底礎を受けてその実在を発揮する団体である(4)。国家の基盤社会は、これを「土」の方面から眺めれば国土社会であり、これを「血」の側面から考察すれば民族社会である(5)。

他方尾高博士は、「民族」を「人種」と峻別して捉えられ、次のように説かれる。

民族社会は「血」の繋がりを主体とする基盤社会であるが、人類学的な同種族の意味での人種がそのままに民族なのではない。民族は人種の同一性を一つの重要な基準とはするが、その本体は寧ろ精神的文化的結合態たる点に在る(6)。

つまり尾高博士は、「民族」と「人種」は異なる概念であり、「民族」を把握するためには「血」の同一性としてよりむしろ「精神的文化的結合態」としての性質に着目すべきであると説かれるのである。

そしてさらにアメリカについて、次のように述べられるのである。

北アメリカ合衆国人はアングロ・サクソン人種以外に多くの異質人種を包摂するが、それにも拘らず彼等の間には今日著しい同一基盤社会化が行はれ来たつた(7)。

尾高博士の説くところに従えばアメリカにおいても多人種からなる「基盤社会」、「民族社会」が成立していると言える。しかしこの場合の「基盤社会」、「民族社会」は「血」による結合によるのではなく、別の契機による「精神的文化的結合態」としての団体としてのそれである。

ではアメリカにおいて、どのような論理で、「血」の結合によらない「基盤社会」、「民族社会」としての社会関係が成立するのであろうか。アメリカにおける「精神的文化的結合態」の内実を検討する必要がある。アメリカ国家における「精神的文化的結合態」のありようが、アメリカ国家の根底にある「基盤社会」、「民族社会」の本質だからである。

三　アメリカ国家における「精神的文化的結合態」成立の論理

以上、尾高博士の所説を基に国家一般の構造を概観し、そこからアメリカ国家の「基盤社会」、「民族社会」の分析視角をつかんだ。すなわち、国家とは「基盤社会の底礎を受けてその実在を発揮する団体」であり、国家が成立するためには「基盤社会」が必要不可欠となる。したがって、アメリカの国家、国民性を認識するためにはアメリカの「基盤社会」の解明が不可欠であり、アメリカの「基盤社会」を「基盤社会」たらしめている「精神的文化的結合態」の内実の把握が必要となる。

なお、アメリカの国家あるいは国民性の特質を論じるにあたっては、すでに第一章においてアメリカの「経済」に対する態度、「資本主義の精神」に着目すべきであると指摘しておいたことを想起されたい。これは、一般の近代国家においても経済的側面、すなわち資本主義経済のあり方というものが国家のあり方、国家の一員としての政治的自覚を持つところの人類集団である「国民」の成立に重要な役割を果たしていると考えられることの他、特にアメリカにおいては資本主義経済のあり方が国家の存在、「基盤社会」の存在にとって決定的に重要であると考えるからである。

この点大塚久雄博士は次のように説かれる。

建国期のアメリカ合衆国では……（中略）……国民的規模においてほぼ自給自足を可能ならしめるような経済の組みたてが作りだされていた。……（中略）……そればかりではない。北アメリカ植民地はこうした典型的な「国民経済」を作りあげつつあったがゆえに、……（中略）……重商主義政策によって、こうした組み立てを歪め、あるいは崩そうとするイギリスに抵抗して、政治的独立を要求せざるをえなくなったばかりでなく、こうした「ほとんどあらゆるものを質、量ともに十分生産し」うるような生産の多角化と自給自足によって、政治的独立を達成しえたのであり、さらにまた、建国後は政治的独立を維持するために、こうした組み立ての強化を推しすすめたといわねばならない(8)。大塚博士は、経済の自立、すなわち「国民経済」の成立があったが故に政治的独立体である「国家」が成立した、と説かれる。

このような大塚博士の論理の前提には、次のような思考がある。すなわち、「国民」nation の内実を「商品経済の網の目をもって結び合わされた独自の社会的分業の体系」(9)として把握するとともに、それのみでは捉えきれない歴史の意味について注意を促す思考である。

「国民」nation の内実（すなわち商品経済の網の目をもって結び合わされた独自な社会的分業の体系）をそうしたものとしてのみ考えてきた。しかしそこには一つの重要な捨象がおこなわれている。というのは、……（中略）……「国民経済」が形成されはじめるのは、それまでの悠久な歴史の流れの中で、すでに姿をととのえていた「民族」Volk を基盤としてであり、少なくとも両者は微妙な内的関連をもっているといわねばならない。そこで、「国民経済」の歴史的意味を十分に明らかにするためには、どうしてもその内実の一半をなす「民族」の社会的規定性についてもふれなければならぬ(10)（傍点原著者）。

ここで大塚博士が使用される「民族」の用語は、先に紹介した尾高博士の「民族」とは、概念を異にする点について注意せねばならない。大塚博士は「民族」を「悠久の歴史の流れ」にさらされた人間集団と観念されている。「民族」を「血」の同一性に基づく人種の集合体と捉えられているように思われる。一方尾高博士は、「民族」を「血」の同一性に基づく人種としてよりは、むしろ「精神的文化的結合態」としての側面を重視されていることは先に指摘した。

しかしここで論じるべきは、「民族」概念如何、あるいはその妥当性ではない。「国民経済」の形成の前提に「悠久の歴史の流れ」にさらされた民族が必要不可欠なのだとすれば、悠久の歴史の流れ」にされされた民族が欠如しているアメリカにおける「国民経済」の成立をどのように考えればいいのか、ということである。

また、そもそも大塚博士は、資本主義の発生の前提に「封建制」の存在を考えておられ、次のように説かれていた。

資本主義の発生と発展の過程は、他面から見れば、古い封建制の崩壊の過程であり、その中に「共同体の解体」という重要な一節を含んでいる(11)。

であるならば、「血」の同一性に基づく「民族」という意味での Volk や、「古い封建制」

が成立していなかったアメリカにおいて「国民経済」は如何に成立し得たのか。
すなわち、大塚教授が説くごとく、政治的独立体としての「国家」の成立の前提には資本主義経済を基礎とした「国民経済」の存在が必要であり、この「国民経済」が成立するためには「民族」Volk の存在がさらに求められ、また、資本主義の発展は裏から見れば「古い封建制の崩壊の過程」であるとするならば、「民族」Volk も「古い封建制」も実態として存在していなかった北アメリカ大陸で如何に資本主義が成立し、「国民経済」が成立したのかが問われなければなるまい。

そもそも資本主義はヨーロッパにおいて発生した。そしてそれは、マックス・ウェバーが論じたように（現在異論もあるが）、「プロテスタンティズム」が決定的な役割を果したように思われるが、アメリカの国民経済の成立に寄与したのは、まさしくプロテスタントの一派であるピューリタン達であった。このヨーロッパ出自のピューリタン達が、新天地において、すなわちアメリカの地で古い封建制や血の同一性に基づく民族の存在しない社会において資本主義の論理のみに従い、純粋培養的に「国民経済」を成立発展させていった。

つまり、逆説的ではあるが、アメリカにおいては、血の同一性に基づく民族 Volk や古い封建制の実態が欠如していたがために、資本主義の論理が純粋に働き、急速に資本主義経済を発展させ、「国民経済」を成立せしめた、と言えるのではないか。

大塚博士が述べられるように、「民族」、「古い封建制」の経験は、資本主義それ自体の「誕生」のためには不可欠なのであろうが、例えばアメリカのように「古い封建制」を経験したヨーロッパ人が中心となって国家・社会を編成しているところでの資本主義の発展において「古い封建制」それ自体の存在が不可欠なわけではないように思われる。アメリカ社会そのものに「古い封建制」が存在したわけではないが、アメリカを形成した人たちは「古い封建制」を経験してきた。アメリカにおいて構造的に「古い封建制」が存在しなかったことがかえって資本主義経済社会のもとで、経済的利益を紐帯とする「国民」が形成されたと言える。つまり、アメリカにおける「精神的文化的結合態」は「古い封建制」を掣肘を受けずに成立発展し得た資本主義経済社会そのものであり、アメリカ人とは、「資本主義経済利益を紐帯として結びついている人間集団」と言えるであろう。次章において、更にこの点の分析を行うこととする。

四　アメリカ国家の根底にあるもの
――過剰な資本主義の精神

結論から言えば、アメリカの国民性においてもっとも本質的なものと考えられるものは、「過剰な資本主義の精神」と「過剰な物資主義」である。特に「過剰な資本主義の精神」は、アメリカを貫くアメリカ人特有の行動様式、生活様式（アメリカン・ウェイ・オブ・ライフ）の源泉、精神構造の根幹にあるものといってよいであろう。「過剰な資本主義の精神」と「過剰な物質主義」は、密接に関係しあっている。というより、表裏一体の関係にあるといってもよいであろう。アメリカ社会を特徴づける、例えば「アメリカ的合理主義」と呼ばれるものやアメリカにおける「平等」の考え方、あるいは「技術主義」と呼ばれる現象の淵源は、「過剰な資本主義の精神」や「過剰な物質主義」に由来するものと思われる。

「過剰な資本主義の精神」及び「過剰な物質主義」を助長したのが、建国後次々に渡米する移民達の存在である。移民達はアメリカで成功するために、アメリカの国民性である「過剰な資本主義の精神」を身に付ける必要があった。一方アメリカ社会はこれら移民達に経済的な機会、すなわち職と富、すなわち賃金を提供しなければならなかった。それ故に大量生産、大量消費に象徴される「過剰な物質主義」を全国民に強いる必要があったのである。つまり、全体としてアメリカ人は、「過剰な資本主義の精神」と「過剰な物質主義」を身に付けなければ成功はおろか生きることさえ困難となる。

そこでアメリカ人達は、さらなる成功を求め、「過剰な資本主義の精神」及び「過剰な物質主義」をさらに過剰化させることとなった。「過剰な資本主義の精神」と「過剰な物質主義」を推し進めた結果が現在のアメリカ（人）の姿である。「過剰な資本主義の精神」と「過剰な物質主義」がアメリカ国家あるいはアメリカの国民性の根底にあり、この過剰さは停まることを知らない。

ところで、このようなアメリカ国家あるいはアメリカの国民性の具体的な形成過程は、次のように説明できるであろう。

（1）ピューリタン達が「資本主義の精神」を基盤とするニュー・イングランド文化を形成し、そのニュー・イングランド文化がアメリカ文化の中心となった。ニュー・イングランドのピューリタン達は、母国から迫害を受けた植民者であったがゆえに、ヨーロッパとは異なる独自のそして純粋なキリスト教の精神に合致した世界を形成しようとした。さらに彼等の精神的母胎であるピューリタニズムは資本主義の精神でもあることから、封建制の実態が存在しないアメリカにおいては、封建制の掣肘なしに「過剰な資本主義の精神」を形成し、「国民経済」を成立させた。そしてこの「国民経済」構造を全土に広める契機となったのが南北戦争における北部の勝利である。

（2）その後世界各国から成功を夢見る移民達が多数渡米するようになる。

（3）移民達は、アメリカでの成功の基礎となる「資本主義の精神」を身に付ける必要に迫られ、これがアメリカにおける「過剰な資本主義の精神」を普遍化させるとともに強化することとなった。

（4）他方アメリカ社会の側から言えば、これら大量の移民に対し職、賃金をあたえるため、大量生産、大量消費を「正しい」と考える「過剰な物質主義」を国家統合・統一の象徴とする必要があった。

（5）また移民達は、教育、生活など、様々な側面において異なる背景を持っている。したがって、人種、言語、教育程度、社会階層等の異なる者の間においても経済システムを稼働させるため、画一化、単純化、平等化を図った。

以上の展開について次章以下、考察を深める。

五　「アメリカ国家の根底にあるもの」の形成の歴史

一　建国の歴史

アメリカ建国の歴史を振り返ってみよう。一六〇七年、イギリス人によってヴァージニアへの植民が行われた。その後、一六二〇年にはプリマスに一〇二人のイギリス人が植民地を作った。彼等が有名なピルグリム・ファーザーズである。さらに一〇年後の一六三〇年、ピューリタン約一、〇〇〇名がマサチューセッツ湾植民地を建設した。一六四三年には後者二つの植民地が中心となり、ニュー・イングランド植民地同盟が形成され、以後この地はニュー・イングランドと呼ばれることとなった。

一六〇七年に植民されたヴァージニア地域とニューイングランド地域とでは、文化の違いが明らかであった。この文化の相違が後のアメリカの国民性を考える上で重要となるが、この点は後に論じようと思う。

さて、ここで重要なことは、植民地を建設した人々は、ヨーロッパからの移民であったという点である。なぜ重要であるのか。第一に、アメリカには歴史がない、あるいは短いと言われる。しかし実はアメリカ文化の背景には永いヨーロッパ文化があるということである。アメリカ文化あるいはアメリカの国民性を語る上で見逃してならないのは、宗教的要因、すなわちキリスト教の影響である。第二に、アメリカ文化はヨーロッパ文化を背景とする一方で、アメリカへの植民者、移民達はヨーロッパからの脱出を図ったという点である。すなわち、アメリカ人及びヨーロッパ人は、同じキリスト教を信仰するという点で宗教的同一性を有するが、他方、宗教的迫害を理由とするピューリタンのアメリカへの移住の意味を考えれば、ヨーロッパ人とアメリカ人との違いを重視する必要がある。ピューリタンは宗教的信条の純粋性を求め、そのような宗教的情熱の激しさから信仰レベルを超えて世俗の、特に政治制度の領域において平等の理念を追求し、共和制の立場をとった。ヨーロッパ（イギリス）の政治社会のなかでピューリタンが自己の信念に根ざした生き方をすることはほとんど困難であったと言える。トクヴィルは次のように述べている。

これらの移出民たちまたは、非常に巧みに自称したような巡礼者たちは、その信条の厳格なために清教徒の名を与えられたイギリスの一宗派に属していた。ピューリタニズムは単に宗教上の教義ではなかった。それは、多くの点で、最も完全純粋な民主的並びに共和的諸理論をまじえてもっていた。またそのために最も危険な反対者たちがあらわれたのである。清教徒たちは、母国の政府に迫害され、その住んでいた社会の日々の出来事によってその厳格な信条を破られた人々であった(12)。

このような母国から迫害を受けた清教徒、すなわちピューリタンの宗教的信条がアメリカ社会を形成する上で重要な役割を果たすこととなる。すなわち、アメリカでは、ヨーロッパ以上に純粋な宗教運動が展開され、これが最終的には過剰な資本主義の精神を形成することとなる。

ところでアメリカでは当初、ヴァージニアを中心とした文化とニュー・イングランドを中心とした文化とがあったことは上で述べた。これら二つの植民地の間には異なる文化があり、異なる行動様式、精神構造（思考法）があったのであるが、結局アメリカにおいては、ニュー・イングランド文化がアメリカ文化の中心を貫く、影響力を有するものとなった。トクヴィルは次のように説明する。

ニュー・イングランドの諸原則は初め隣接諸州にひろがっていった。次いでこれら原則は次から次に普及して最も遠いところに及んでいった。そしてついには、そういうことがいえるとすれば、連合全体を「つらぬいた」のであった。それらの原則は今やその境界をこえてアメリカ全体にその影響を及ぼしている。ニュー・イングランドの文明は、天空高きところに燃えている火がその周囲に熱気をまきちらした後に、なおその輝きをもって地平線の、いや果てをあかあかと染めるかのようであった(13)。

トクヴィルが説くように、現在においてもニュー・イングランドの文化がアメリカ全体を「つらぬいている」のである。

それではなぜ、ニュー・イングランドの文化がアメリカ文化の中心となったのであろうか。ヴァージニア文化はなぜアメリカ文化の中心とならなかったのであろうか。

二　ニュー・イングランド文化とヴァージニア文化の相剋

ここでは、ヴァージニア植民地で形成された文化及びニュー・イングランド植民地で形成された文化を概観し、どのような論理でニューイングランドの文化が、トクヴィルが言うようにアメリカ全体を貫いたのか見ることとする。最終的には、ヴァージニア文化を継承した「南部」とニュー・イングランド文化を継承した「北部」との間で起こった南北戦争での北部の勝利が、アメリカにおけるニュー・イングランド文化の圧倒的優位性を決定的なものとした、と言えるであろう。

ア　ヴァージニア文化の形成

一六〇七年、イギリス人がヴァージニアに植民地を作ったことは先に触れた。彼等は、ニュー・イングランドの人々とは異なる行動様式、精神構造を有していた。すなわち、ヴァージニアの植民者達の植民地建設の目的は、ニュー・イングランドの植民者達とは異なり、宗教的信条に基づくものではなかった。それではなぜ、彼等はヴァージニアに来たのであろうか。彼等が大西洋を渡るという危険を冒してまでも植民地を建設しようとした目的は何であったのか。

ヴァージニア植民を志した人々は「富」の追求が目的であった。ここに宗教的信条に基づいてニュー・イングランドの植民を志した人々との大きな違いが認められる。

アメリカ文学者の亀井俊介教授は、この点次のように説明される。

ヴァージニア植民地を建設した人たちも、基本的には、コロンブスのあとを受け継いだスペイン人とかポルトガル人たちに習って、黄金郷を求めていた。スペイン語で「エル・ドラード」というやつね。もちろん、黄金郷のほかに、いろんな利益を求めてはいたんですよ。ともあれ、目的は利益だから、最初は永住する気持ちはあまりなかったんじゃないかしら。だって、男性だけで行っているんです。そう、三艘の船で一二〇人くらいね。行ってみたら黄金郷はなく、悲惨な生活に陥ったけれども、やがて黄金よりももっと利益になるものが見つかった。何だかわかりますか‐。タバコですね。これをヴァージニア植民地で栽培することに成功するんです(14)。

トクヴィルも次のように言う。

ヴァージニアに送り込まれた人々は黄金探求者たちで、資力もなく品性もよくない人々であった(15)。

さらに亀井教授は次のようにも述べられる。

さてこのヴァージニアの人たちは、富はつかんだわけですが、最初からここに新しい文化を作ろうなどという気はなかったと思われる。文化は、自分たちの獲得した富でもって、イギリス本国のものを輸入すればいい。……（中略）……宗教は、イギリス本国の「国教会」をそのまま守っていればいいわけ。信仰とか魂の問題は、本当は二の次なんです(16)。

亀井教授が説かれるように、ヴァージニアの文化はイギリス本国の文化と基本的に同一のものであったと言える。植民の目的も「富」であるから、ニュー・イングランドの人々とは大きく異なる文化を形成していった。

イ　ニュー・イングランド文化の形成

ニュー・イングランドに植民した人々の目的は、上述したヴァージニアに植民した人々とは異なり、「富」の追求を目的としたものではなかった。宗教的信条に基づく植民であった。したがって、イギリス本国の文化とは異なる文化を形成することとなる。ニュー・イングランドの植民地文化はヨーロッパ（イギリス）との文化的関係でいえばキリスト教という宗教的同一性が認められはするものの、それはイギリスからのいわば亡命者であるピューリタンが形成する文化であることから、自ずと母国イギリスとは異なるものとなった。イギリス文化と同様の文化を形成するのであれば、何も植民する必要はないのである。ニューイングランドの人たちのピューリタンとしての宗教的信条が、ヴァージニア文化とは決定的に異なる文化を形成したのである。

ところでそもそもピューリタンとは何者なのであろうか。ピューリタンとはイギリス国教会に反対するキリスト教の一派を信仰するものである。それではなぜ、ピューリタン達はイギリス国教会に反対したのであろうか。イギリス国教会はカトリックから袂を分かったという意味でプロテスタントの一派と評することが可能であるが、イギリスは長きにわたりカトリック国であったこともあり、教義、儀式及び位階性などについてカトリックの影響を色濃く受けていた。したがって、信仰も形式主義に流れやすく、教会内では貴族階級や世俗的な力を持った階級が勢力を占めることとなった。イギリス国教会のような世俗的なキリスト教とは一線を画し、純粋に聖書に基づく信仰を貫く一派がイギリス国教会と対立することとなった。そしてこの一派はピューリタンと呼ばれるようになった。

このようなピューリタン達が中心となって作った植民地がニュー・イングランド植民地である。ニュー・イングランドにおいては、ヴァージニアとは異なり宗教的情熱あふれる文化を形成していった(17)。

そして重要なことは、ピューリタン達は大変勤勉に働いた、という点である。宗教的信条に基づく勤勉であり、「富」の追求のためのそれでないことが重要である。この点、亀井教授は次のように説かれる。

しかも彼らは、現世的要素をいっさい退けたのではない。ゴールドを求めていたわけではありませんけれども、現世での勤勉な労働は来世での「救いの確かさ」を強化するという信念を「ピューリタンの倫理」として、たいへん仕事にいそしんだ(18)。

この「ピューリタンの倫理」がアメリカ全体の資本主義精神を形成することとなる。このニュー・イングランドにおける「ピューリタンの倫理」が、イギリス本国の文化と同一のヴァージニア文化とは異なる、独自の文化をアメリカ大陸に花咲させた。この二つの文化はほとんど同時期に出現するのであるが、最終的には、ニュー・イングランドの文化がアメリカ文化、アメリカ人の行動様式、精神構造（思考法）の指針として力を持つようになる。

ニュー・イングランド文化がアメリカ文化の根源となった理由を考えると、一つには、ピューリタンの宗教的信条の強さである。二つめには、ピューリタンの宗教的信条の強さのコロラリーとなるが、ヨーロッパ（イギリス）から独立を目指した、ということである。そして強い宗教的信条が基盤となり、すなわちピューリタニズムに基づく資本主義の精神の発達、展開が見られるようになる。このピューリタニズムと資本主義との関係については後に論じるが、この関係は非常に重要なポイントである。

そして政治的にもニュー・イングランド文化がアメリカ合衆国憲法に結実し、政治においても大きな影響を及ぼすこととなる。

ウ 南北戦争とその意義

以上の文脈で南北戦争を眺めると、次のような構図が見られる。

ヴァージニア文化を継承した南部諸州は、農業産業を中心とした国作りに励んだ。一方、ピューリタニズムに基づくニュー・イングランド文化を継承した北部諸州は工業産業を中心とする国作りを目標とした。一般に南北戦争は奴隷解放戦争とも呼ばれるが、実はこの産業政策の違いが原因となった戦争であったことも指摘しておかなくてはならない。例えば中村勝巳教授は、両文化圏の産業構造の違いを次のように説明される。

元来、南部植民地は、多くの封建的貴族と結合した商業資本家＝冒険商人によって開拓されたものであり、南部では、煙草、藍、米、後には綿花が、契約奉公人、後には黒奴の労働によって栽培された。プランテーションにあっては、契約奉公人の輸送や奴隷貿易や土地投機と結合した、極めて前期的性格の強い経営が見られた。かかる資本が近代的産業資本に転化することはなかったのである。北部植民地＝ニュー・イングランドは、元来「牧師と得業者を主とし、小市民、手工業者、自作農民との結合のもとに宗教的理由から創設された」のであったが、……（中略）……彼らは南部植民地をも商業的に支配するに至った。……（中略）……そこには莫大な富が蓄積され、西部フロンティア社会とは対蹠的な商業資本の支配する「海岸社会」が形成された(19)。

このような基本的な対立図式は、南北戦争まで存続した。

さて、南北戦争の発端は、一八六一年、南部諸州が合衆国からの独立を主張したことに始まる。これに対し北部諸州を中心とする連邦政府が南部の動きを押さえにかかった。そして結果は、一八六五年、連邦政府の勝利に終わり、国家の統一に成功した。この戦争は、奴隷解放戦争としての性格よりも経済的な要素の強い性格を有する戦争と位置づけられる(20)。南部にとってみれば、広大な土地において農業を効率的に行おうとすれば、安い労働力である奴隷が必要であった。一方北部にとってみれば、南部の奴隷は北部における労働力として魅力的であった。南北戦争の結果、アメリカは工業化を加速させ、産業資本の充実が図られることとなる。

この点、次のような指摘がある。

南北戦争から一九〇〇年頃までに生産業に投じられた資本は、控えめに見ても五，六倍に達しています。そしてたとえば一八六七年にわずか二万トンにすぎなかったアメリカの鉄鋼生産高は、一九世紀の末までに一千万トンに達するのです。鉄道もぐんぐんのび、国中にはりめぐらされる。必然的に人口は都市に集中していきますね。……（中略）……アメリカは急速に資本が支配する産業社会の方向へ進むのです(21)。

南北戦争における南部諸州に対する北部諸州の勝利が、アメリカ全体を資本主義化させる大きな契機となったと言える。

六　ピューリタニズムと資本主義の精神との関係

ピューリタニズムと資本主義の精神との関係については、マックス・ウェバーの名著『プロテスタンティズムの倫理と資本主義の精神』で明らかにされている（異論もあるが）。ピューリタンもプロテスタントの一種である。

さて、ウェバーはどのように「プロテスタンティズム」と「資本主義の精神」を関係付けて論じたのであろうか。大塚久雄博士の説くところ、次の如くである。

近代初期の西ヨーロッパで資本主義経済が発生してくるさいに、その発生を担う人間諸個人を、内面からそういう方向に推し動かす内的——倫理的起動力として作用した、そういうエートス、それがいうところの「資本主義の精神」なのです。ところが、その「資本主義の精神」が近代初期の西ヨーロッパ、とりわけイギリスや北アメリカのイギリス植民地で生まれてくるその過程で「プロテスタンティズムの倫理」、詳しくいうと、禁欲的プロテスタンティズムに由来する宗教的エートスから重要なものをいわば遺産として受けとった、とウェバーは考えるのです。そのばあい、禁欲的プロテスタンティズムというのは、具体的にはカルヴァン派とか、洗礼派系統のさまざまな諸派のことで、つまり、彼は、そういう禁欲的プロテスタンティズムが生みだしていた宗教的倫理——この場合ヴェーバーは倫理とエートスとをほとんど同じ意味に使っています——から「資本主義の精神」へという、いわば発生史的なつながりをその両者のあいだに認め、そしてこの論文で、その事実を学問的な形で論証しようとした。だいたい、そういうことなんです(22)。

つまり、「資本主義の精神」とは、資本主義経済を発生、展開させる人間の内的な力であり、この力の源をプロテスタンティズムに求める、これがウェバーの主張である。それではウェバーの主張を直接聞くこととする。

すべての被造物超ゆべからざる深淵によって神から隔てられており、神がその至上性に栄光あらしめるために別の決定をなし給わないかぎり、神のみ前にあってはただ永遠の死滅に値するだけなのだ。われわれが知りうるのは、人間の一部が救われ、残余のものは永遠の滅亡の状態に止まるということだけだ。（神は）永遠の昔から究めがたい決断によって各人の運命を決定し、宇宙のもっとも繊細なものにいたるまですでにその処理を終え給うた、人間の理解を絶する超越的存在となってしまっている。神の決断は絶対不変であるがゆえに、その恩恵はこれを神からうけた者には喪失不可能あるとともに、これを拒絶された者にもまた獲得不能なのだ。

この悲壮な非人間性をおびる教説（プロテスタンティズムのこと）が、その壮大な帰結に身をゆだねた世代の心に与えずにおかなかった結果は、何よりもまず、個々人のかつてみない内面的孤独化の感情だった。

宗教改革時代の人々にとっては人生の決定的なことがらだった永遠の至福という問題について、人間は永遠の昔から定められている運命に向かって孤独の道を辿らねばならなくなったのだ。……（中略）……こうした人間の内面的孤立化は、一切の被造物は神から完全に隔絶し無価値であるとの峻厳な教説と結びついて、一面で、文化と信仰の感覚的・感情的な要素へのピューリタニズムの絶対否定的な立場――そうした諸要素は救いに無益であるばかりか感覚的迷妄と被造物神化の迷信を刺激するからだ——のさらに、彼らのあらゆる感覚的文化への原理的な嫌悪の根拠を包含することとなる。が、また、他面では、この内面的孤立化は、今日でもなおピューリタニズムの歴史を持つ諸国民の「国民性」の制度の中に生きているあの現実的で悲観的な色彩をおびた個人主義——これは後世「啓蒙主義」が人間を眺めた視角とは著しい対照をなしている——の一つの根基をも形づくっている(23)（括弧内本稿筆者）。

ウェバーはプロテスタンティズムを資本主義の精神を形成するための倫理と見ている。この倫理なくして資本主義の精神は形成し得ないという。この資本主義の精神成立の重要な要素は、神と個々の人間との直接的対面に起因するところの個人の内面的孤独化である。カトリックにおいては、キリストの教えは教会を通じて行われる。つまり聖書の解釈権はすべて教会にある。しかしながら、プロテスタントは、神との間に教会を介在させることなく神と信者を直接結び付ける。ここにおいて信者が神と直接対峙することとなる。絶対である神とちっぽけな存在に過ぎない人間個々人が直接向かい合うことになるのである。理解しがたいほどの内面的孤独化がここに生じることは想像に難くない。

南原繁教授は、このプロテスタンティズムにおける個々人の内面的孤独化についてルッターの教義をカトリックと対比し、次のように説かれる。

ルッター（Martin Luther, 1483-1546）の信仰において新たなものは、神とわれわれ人間とのあいだの直接的な結合である。各人が神の恩寵に与るためには、もはや中世のような司祭制と法王の権威との媒介を必要としない。ただ聖書の「言葉」と通して、各個が直接にキリストによって新たに更正せられる人格の結合関係を中心とする。それは、神の恩寵に対する各人の魂の絶対の信頼を中核とし、特定の司祭の掌る礼典を要件とせず、また各人の道徳的努力の成果としての善行を条件とするもんではない。何よりも人間の「良心」「心情」の問題として、純粋の心情の道徳であって、かような信仰が最高の道徳的要求であると同時に、それ自体神の恩寵である。そこでは各個が神の前に自ら責任を負うべき者として立ち、神の救いの恩寵は直接に各個人が体験すべく、それによって自己固有の人格個性の意識が根底をなすのである(24)。

南原教授は神と人間とが直接関係することについて、積極的に評されているように思われる。が、神と人間との直接的繋がりが結果として内面的孤独化を生じさせることは否めない。ウェバーはプロテスタンティズムにおける個人の内面的孤独化を資本主義の精神形成の必須の要素と見る。神と人間との直接的な結びつきが個人の内面的孤独化を促し、これがために個人の良心が確立、強化される。このような良心の確立が共同体に埋没しない強い個人を生み出し、この動きと表裏一体の関係で資本主義の精神を成立させた。次に重要なことは、プロテスタントにおいては神の恩寵の有無はすでに生まれながらに決定されているという点である。内面的孤独化と神の決定という二つの契機が、資本主義の精神を形成するのである。

ところが、次のような疑問が生じる。神の恩寵の有無がすでに決定されているのであれば、信仰など必要ないではないか、と。資本主義の精神の形成にはプロテスタンティズムが不可欠なのであるが、プロテスタンティズムにおける神の決定論は信仰の強化と逆の方向に働くのではないか、との疑問である。この点ウェバーは次のように説く。

その一つは、誰もが自分は選ばれているのだとあくまでも考えて、すべての疑惑を悪魔の誘惑として斥ける、そうしたことを無条件に義務づけることだった。自己確信のないことは信仰の不足の結果であり、したがって恩恵の働きの不足に由来すると見られるからだ。このような己の召命に「堅く立て」との使徒の勧めが、ここでは、日ごとの闘いによって自己の選びと義認の主観的確信を獲得する義務の意味に解されている。こうして、ルッターが説いたような、悔い改めて信仰により神に依り頼むとき必ず恩恵が与えられる謙虚な罪人の代わりに、あの資本主義の英雄時代の鋼鉄のようなピューリタン商人のうちに見られる、また個々の事例ならば今日でもなお見られるような、あの自己確信にみちた「聖徒」が練成されてくるようになる。いま一つは、そうした自己確信を獲得するための最もすぐれた方法として、絶えまない職業労働をきびしく教えこむということであった。つまり、職業労働によって、むしろ職業労働によってのみ宗教上の疑惑は追放され、救われているとの確信が与えられる、というのだ(25)。

「宗教上の疑惑」、すなわち自分は救われない者に決定されているのではないか、という恐れを労働によって追放するという精神的態度、そしてそれによって「救われている」、という自己確信が、プロテスタント、ピューリタンをして、労働における天職意識を作り上げ、資本主義の精神を形成したのである。

そうした労働を天職（Beruf）と見、また、救いを確信しうるための最良の——ついにはしばしば唯一の——手段と考えることから生じる、あの心理的起動力を創造したのであった(26)。

ウェバーによれば「心理的起動力」が資本主義の精神を形成することとなったのである。

しかしここで疑問が生じる。非キリスト教国においても資本主義経済システムが稼働しているではないか、と。特に日本の事例は、ウェバー理論をもって説明できるのか、と。この点、ここでは詳述する準備ができていないが、日本の資本主義は、欧米型の資本主義とは異なるのではないか、と問題提起しておきたい。

さて、アメリカにおける資本主義は、ウェバーが説いたようにピューリタンによる資本主義の精神に基づき発展させた。

次に、第四章で論じたが、アメリカの資本主義の精神が過剰である理由を論じることとする。

七　なぜアメリカの資本主義（の精神）は過剰なのか

ここではヨーロッパと比較し、論じることとする。

さて、ヨーロッパにおいても、ウェバーが理論づけたように、プロテスタントが主たる担い手となって資本主義を発展させていった。しかしここで着目したいのは、資本主義発展の主たる担い手はプロテスタントであったが、ヨーロッパにおける正統的宗教はあくまでもカトリックなどの伝統的なキリスト教であった、という点である。つまり資本主義を発展させたのはプロテスタントであったが、資本主義が現実の社会において展開する過程では、カトリック等の伝統的キリスト教の労働意識の影響を多分に受けたのではないか。より正確に言えば、カトリック的なものを重要視するヨーロッパのエートスと言うべきであろうか。このことにより、共同体の存在に適合した、穏当な資本主義経済システムが確立されていったのではなかろうか（資本主義の発展は他面において「共同体の解体」の過程でもある点については留意する必要があり（本稿注（11）参照）、「共同体の解体」の過程といっても完全に解体されるものではない）。

「正統」、「異端」の語に価値的な意味を含ませずに用いるとすれば[27]、ヨーロッパにおける資本主義の発展過程において、「異端」であるプロテスタントが資本主義の原動力となったとはいっても、現実に資本主義が展開するに際しては「正統」であるカトリック等の影響を受けずにはおれなかったと思われる。ヨーロッパにおいては、このような意味での「正統」と「異端」の絡み合いの中で資本主義が形成されていった。つまり、急進的なプロテスタントのみで展開されなかったことが、アメリカとは異なる穏当な資本主義をヨーロッパにおいて根付かせた。

一方アメリカはヨーロッパからの分離、独立を目的として建国され、成長した。しかも、先に述べたように、ピューリタン文化と言えるニュー・イングランド文化がアメリカを「つらぬいた」のである。さらにアメリカは植民、移民により構成される国家であり、ヨーロッパのような「正統」な宗教思想や封建制が歴史的に存在しなかった。したがって、ピューリタンの論理による資本主義の精神が純粋に展開、発展することとなったのである。さらに南北戦争での北部の勝利が、北部で発展した資本主義システムを南部に広める契機にもなった。アメリカはヨーロッパにおけるカトリックに代表される伝統的宗教による労働意識等の、いうなればブレーキを掛けられることなく純粋に一途に資本主義システムを発展させていった。

しかしながら、元来敬虔なピューリタンによる「資本主義の精神」であったが、年月を経るに従い、宗教的敬虔さを必ずしも持たない人々によって「資本主義の精神」が担われるようになっていった。アメリにおける資本主義は、「資本主義の精神」担い手であったピューリタンによって発展せられたが、一度資本主義がシステムとして稼働してしまえば、もはや宗教的敬虔さなど必要としなくなる。資本主義の論理を適用してしまえば必ずしもピューリタニズムは必要とされない。いわゆるピューリタニズムの空洞化の現象が生じる。アメリカにおいては必ずしもピューリタンではない移民の存在が、この現象に拍車を掛けることになる。

つまり、移民はアメリカにおいて経済的成功するため、「資本主義の精神」を身につける必要があるが、必ずしもピューリタンである必要はない。そして移民達はさらなる成功を目指すため、より先鋭な資本主義の精神を身につけるように迫られる。資本主義の精神の過剰適用である。ここにおいて、ピューリタニズムとは無関係な過剰な競争社会が出現するのである。

このような過剰な競争社会は、元々ピューリタンの精神に基づくものであったと言えるが、移民という必ずしもピューリタンではない人々による、資本主義の精神の過剰適用が、いわば「過剰な資本主義の精神」を出現させた。

また、この移民達が作り上げた「過剰な資本主義の精神」は経済社会における「単純化」、「平均化」、「画一化」の基準を生み出した。なぜなら移民達は、育ち、教育、言語等、背景を異にする。そのような彼等が、職を手にし、さらに成功を収めるためには、だれもが理解できる基準が必要であった。そのため、経済社会の基準を単純化等させる必要があった。例えば、自動車産業における流れ作業分業システムや、マクドナルドなどで採用されているようなマニュアル・システムは、アメリカの社会構造が生み出した特異な文化なのである。

この点佐伯教授も次のように指摘される。

もともとの生活習慣も、言葉も違う人々が、いわばゼロからスタートして生活してゆく。そこで、かれら（移民）にそれなりの成功のチャンスと生活の向上をあたえなければならなくなったのである。二十世紀のアメリカ資本主義はこのような条件のもとにおかれていた。そしてアメリカ資本主義はこうした条件に即応した方式を発明したのであった。

それは、徹頭徹尾、移民達に焦点を絞った資本主義である。つまり、価値観も教育程度も言葉も異なる人々が、そうした違いにもかかわらず経済活動に従事する方法、要するに生産過程での作業の徹底した単純化がまず行われる(28)。

移民社会であるアメリカは、物質文明と呼ぶことが可能な社会的営みを形成していった。文化等が異なる人々を「基盤社会」に統合し、国家としての統一性を確保するためには、移民一人一人を物質的に豊かにする必要があり、このことから、物質文明と呼ぶことが適切な文明を形成していったのである。このような物質文明を維持するためにも、アメリカは大量生産、大量消費を普及しなければならない必然性があった。

なお、このような物質文明の動きは、南北戦争後すでに起こっていたようである。南北戦争後の四分の一世紀の「金めっき時代」は、一見したところ、暮らしは高いかもしれないけど、思いは低い、物質文明の様相を呈していたというべきかもしれません(29)。

八　モンロー主義から覇権国家へ

アメリカ国家の根底にあるもの、あるいはアメリカの国民性の根底に「過剰な資本主義の精神」が認められることについては既に論じた。そしてまたこの「過剰な資本主義の精神」はアメリカの政治、外交の指標になっていると捉えるべきであろう。

かつてアメリカはモンロー主義を標榜し、ヨーロッパの問題に関与しない、あるいは外国一般のもめ事には関与しない政策を採ろうとしたことは事実である。しかしながら、このような政策が可能であったのは、自国の資本主義経済を回転させる市場が、国内市場のみで十分に充足していたことが理由であったのではなかろうか(30)。現在ではそうはいかない。外国市場、国際経済を考慮することなしにアメリカは生きていくことは出来ない。アメリカは否応なしに利益とあらば国際社会に関与する、いや、関与せざるを得ないのである。したがって、今後アメリカが孤立化の道を選択することはあり得ないように思われる。現在よりもさらにアメリカ型の資本主義システムを外国に押し付けようとするであろう。政治・軍事の分野における覇権主義的な動きもこのような経済的要因を考慮しなければならず、これも結局のところ、「過剰な資本主義の精神」に強く制約された結果であると考えられる。

アメリカ国家の根底にあるもの、すなわち尾高博士説かれるところの「基盤社会」は、「過剰な資本主義の精神」に依るのであり、アメリカは国家それ自体を存続させるため、「過剰な資本主義の精神」に基づく国家運営を行い続けるのである。

九　むすびにかえて

以上、アメリカ国家の根底にあるもの、アメリカの国民性の根底にあるものの形成の論理を中心に考察した。その際、「資本主義の精神」がアメリカに及ぼした影響の大きさを中心に論じた。論調が一面的になったことは否めないが、本質究明のためにには、ある種のあるいはある側面の捨象はやむを得ないものと考える。

さて、アメリカ国家の根底にあるものを一言で言えば、「過剰な資本主義の精神」である。これが、アメリカ独特の大量生産、大量消費文化を生み出し、超近代的資本主義システムを大規模に編成し、アメリカを発展させた。この動きの裏面には、移民をアメリカ社会に適合させるための「単純化」、「平均化」、「画一化」の動きがあり、これらがまた「過剰な資本主義の精神」を強化することにもなった。

アメリカはしばしばアメリカ型資本主義を普遍的なものとして語る。しかしながら、これまで見てきたように、アメリカ型資本主義は極めて特殊な存在であると言える。アメリカはアメリカ型資本主義の動きを「グローバリズム」と称することがあるが正しくはない。アメリカ型資本主義はアメリカ独特なものであり、普遍的なものではない。それはアメリカの歴史が生み出したものに過ぎない。したがって、歴史、伝統を異にする日本がアメリカ型資本主義を単純に適用することは危険なことのように思われる。

アメリカはアメリカ独得の「過剰な資本主義の精神」に基づく社会を構築しており、したがって、そのような社会に適合しているアメリカ型資本主義が普遍性を持つことなどあり得ない。我々はこのことを常に念頭におき、今後もアメリカについて考えることが必要であろう。

(1)「資本主義」という語は多義的であり、様々な意味に用いられるが、ここでは大塚久雄博士による次のような所論を念頭においている。「まず、資本家（すなわち産業資本家）が一定量の貨幣（この場合資金といいかえてもよい）を投下して、労働要具、原料、設備などの生産手段を購入し、また賃金労働者たちを雇傭して（すなわちその労働力を商品として購入して）一定の生産に従事させ、その生産物は消費として販売する。その結果投下した資金を回収したうえ、さらに利潤を手に入れる。回収された資金と利潤の一部はさらにひきつづき生産に投下され、こうして利潤追求を目的としつつ（すなわち営利として）生産の営みが絶えず繰り返されていく。こうした生産関係、あるいはそうした生産関係にもとづいて作り上げられている『経営体』が『産業資本』に他ならない、と。つまり『資本主義』とよばれる生産様式はこのような『産業資本』をいわば個々の結び目とし、それを商品流通（貨幣を媒介とする無数の商品の売買）の糸でつなぎあわせた一枚の網にもたとえることができるのであって、こうした組み立てによって、社会を構成する諸個人の経済生活が、すなわち社会全体のいわば新陳代謝がつづけられていくのである」（傍点原著者）。大塚久雄『欧州経済史』（岩波書店・一九七三年）一五頁。

高田保馬博士は資本主義の性質を次のように捉えられる。「利潤のはて知らぬ追求である。云はば利潤の狩猟である、更に語をかへて云へば、資本の自己増殖傾向である。個々の企業者乃至資本家がその四方の運用によりて出来るだけ多くの利潤を獲得し、更に之を蓄積してその資本を増大せしめようと云ふ事実を指すのみではない。利潤追求の地位にあるもの、すなわち資本家の大かたのものが利潤追求の努力によりて動かされ、それを目あてにして活動してゐる姿をさすのである。かくて例えば、現代を以て資本主義の時代と云うときには、すべての資本家がかかる努力によりて動かされてゐる時代であることを意味する」（傍点原著者）。高田保馬『国家と階級』（岩波書店・一九三四年）一八四頁。

（2）尾高朝雄『国家構造論』（岩波書店・一九三六年）二七七頁。
（3）尾高・前掲注（2）三一一頁。
（4）尾高・前掲注（2）三一六頁。
（5）尾高・前掲注（2）三一七頁。
（6）尾高・前掲注（2）三一八頁。
（7）尾高・前掲注（2）三一九頁。
（8）大塚久雄『国民経済』（講談社学術文庫・一九九四年）一三六頁。
（9）大塚・前掲注（8）一五五頁。
（10）大塚・前掲注（8）五五頁。

(11) 大塚久雄『共同体の基礎理論』(岩波書店・一九七〇年) 五頁。
(12) A.トクヴィル/井伊玄太朗訳『アメリカの民主政治(上)』(講談社学術文庫・一九八七年) 七二頁。
(13) 井伊訳・前掲注(12) 七〇〜七一頁。
(14) 亀井俊介『アメリカ文学史講義1』(南雲堂・一九九七年) 三〇〜三一頁。
(15) 井伊訳・前掲注(12) 六九頁。
(16) 亀井・前掲注(14) 三一〜三二頁。
(17) 有名なハーヴァード大学も一六三六年にピューリタン達が作った大学である。この大学はそもそも牧師養成の大学であったが、現在では全米有数の総合大学として世界に知れ渡っている。
(18) 亀井・前掲注(14) 三八頁。
(19) 中村勝巳『アメリカ資本主義論』(未来社・一九七一年) 二三四頁。なお、この点楠井敏朗『アメリカ資本主義と民主主義』(多賀出版・一九八六年) 四〜八頁参照。
(20) 北部と南部における奴隷制度の定着度について、岡田泰男は次のように指摘される。「北部において奴隷制が普及しなかったのは、明らかに経済的理由による。穀作を中心とする家族農場では、せいぜい農繁期に労働者を雇う程度で、一年中、奴隷を使用する必要はなかったし、また、寒冷な気候であったから衣服その他にかかる費用も南部より高かった。奴隷購入にあたっては、南部のプランターのように高い価格は出せなかったから、一部の富裕な農民以外は、実際問題として購入は困難だった。北部では小農民が多数をしてめいたから、一部の大農民が多数の奴隷を所有して経済的格差が拡大することへの恐れもあったに違いない。独立後、北部で奴隷制が廃止されたのは、こうした状況を反映していた」。岡田泰男『アメリカ経済史』(慶應義塾大学出版会・二〇〇〇年) 七四頁。

南北戦争の意義に関して、このような通説的理解に対する批判もある。この点さしあたり鈴木圭介編『アメリカ経済史』（東京大学出版会・一九七二年）三八四〜三九〇頁参照。

(21) 亀井俊介『アメリカ文学史講義2』（南雲堂・一九九八年）一五頁。

(22) 大塚久雄『社会科学における人間』（岩波新書・一九七七年）一一四〜一一五頁。

(23) マックス・ヴェーバー／大塚久雄訳『プロテスタンティズムの倫理と資本主義の精神』（岩波文庫・一九九一年）一五三〜一五八頁。なお、適宜縮約したので、忠実な引用ではない。

(24) 南原繁『国家と宗教（改版）』（岩波書店・一九五七年）二三五頁。

(25) 大塚訳・前掲注（23）一七八〜一七九頁。

(26) 大塚訳・前掲注（23）三六〇頁。

(27) 「正統」と「異端」という用語については、袴谷教授による次のような指摘がある。「『正統』と『異端』を英語でいえば、orthodoxy and heterodoxy で両者ともギリシャ語に由来し、前者は『正しい（orthos）』『見解（doxa）』、後者は『異なった（heteros）』『見解（doxa）』を意味した。従って、忠実な訳語としては、前者は『正説』、後者は『異説』とした方がよいであろうが、今となっては慣用に従うほかあるまい」。袴谷憲昭『法然と明恵』（大蔵出版・一九九八年）三一八頁。

また、次の田川建三教授の視点は忘れてはなるまい。「正統と異端とかいった図式を描いて、正統が異端を弾圧した、などとすぐに図式的に考えたがる人は、短絡的に、悪いのは思い上がった正統で、異端にこそすぐれた正しさが見出される、などと思いがちである。いや、そのようにていねいに考えずとも、何となく『異端』の肩を持つ方がカッコいい、と軽く考える『学者』もいらっしゃる。いや、『正統』の教会の歴史はどのみちすでによくわかっているけれども（本当はそんな簡単にわかるわけはないのだが）、『異端』のことはよく知られていないから、『異端』の『研究』をするのが『学者』としてカッコいい、とお思いの人もいる。しかし、『異端』思想を排除しようとした『正統』の側の努力に非常にすぐれた姿勢が見出される場合も多い、ということは知っておいた方がいい」と。田川建三『キリスト教思想への招待』（勁草書房・二〇〇四年）五一頁。

(28) 佐伯啓思『「欲望」と資本主義』（講談社現代新書・一九九三年）一三九～一四〇頁。

(29) 亀井・前掲注(21)一七頁。

(30) アメリカが帝国主義政策を本格的に実行に移すのは一八九七年クリーブランドに代わりマッキンレーが大統領に就任した以降である。西川吉光『アメリカ政治外交史』（晃洋書房・一九九二年）七八頁参照。

帝国主義政策への転換の理由を考える上で重視すべきは、経済的要因が重要な役割を果たした、という点であろう。秋元英一教授は「これらの（アメリカの帝国主義的姿勢として現れた）外交、政治上のできごとを経済的に説明し切るのは無理であろう」と述べられるのであるが、他方「一八九〇年代には、労働力や商品、資本の移動がアメリカを否応なしに国際関係の網の目の中に投げ入れた。……（中略）……海外市場の必要性の主張は業界紙や若干の大衆誌に共通のテーマだった」との指摘もされている。また、帝国主義的姿勢を許容、あるいは積極的に推進することを望むアメリカ人の心理について、次のようにも指摘される。「一八九三年に始まる恐慌が以前の恐慌にもまして大量の失業と企業倒産を含む激しいものだったこと、しかも、そのうえにフロンティアの終焉（→海外市場論議の必然化）や、新移民の急増、労働争議の激烈化などが加わって、アメリカ国民の多くに世紀末的な閉塞感を醸成した可能性はある」と。秋元英一『アメリカ経済の歴史』（東京大学出版会・一九九五年）一四〇頁。

あとがき

本書収録の論文は、過去約一〇年にわたって書いたものである。自衛隊の階級でいえば、一等空尉から現階級の一等空佐までの間にあたる。勤務の傍ら、主として休日を執筆の時間に充てたことから、構想から脱稿まで数カ年を要したものがほとんどである。拙いものではあるが、それぞれ全力を傾けて書いた。

本書の校正刷りを読み返すにつれ、これまで書いたものを一冊の書物にすることができたのは、数多くの方々のご指導、ご支援のおかげであることをあらためて痛感している。

防衛省・自衛隊においては逐一お名前を挙げることはできないが、ＯＢも含め多数の方から、公務、非公務を問わず常に有益なご指導、ご助言をいただいている。今後も防衛省・自衛隊の発展に寄与し得るよう努力して参りたい。

大学院時代の恩師 西 修先生には研究テーマの選定や方法について、最大限の自主性を与えていただいた。また、修士論文執筆の際には、貴重な御蔵書を長期間貸与してくださった。現在においても防衛法学会などでご指導いただいている。学部時代の恩師 小堀訓男先生（国際政治学）からは、古典を読むこと、学問において本質的問題を論じることの重要性についてお教えいただいた。山口邦夫先生（刑法学）には、博士後期課程在籍中、私の自衛隊での勤務状況に応じた日程で、外書講読（独語）のご指導をいただいた。それぞれの先生に心より感謝申し上げたい。

また、修士論文のテーマ選定に悩んでいた時期、書店で目にとまったある本との出会いが、私の学問への憧れを強めたことを記しておきたい。平成一九年七月に亡くなられた東北大学名誉教授 菅野喜八郎先生の御著書『国権の限界問題』である。緻密な論理展開に魅了された。菅野先生とは、その後比較憲法学会において面識を得ることができ、以降、先生の勤務校出身でないにもかかわらず、折に触れ、懇切丁寧なご指導を賜る幸運に恵まれた。先生との出会いは、人生全般においてとても大きな意味を持ったのではないかと感じている。自衛隊での勤務と研究を両立させることができたのも、先生からの暖かい励ましがあったからこそである。論文執筆の大きな支えとなった。先生のご冥福を衷心よりお祈り申し上げる。

最後に、厳しい出版事情にもかかわらず本書の出版を引き受けてくださった信山社の皆様に心からの謝意を表する。

平成二二年三月

山下愛仁

■ 索　引 ■

さ　行

た　行

な　行

は　行

や　行

ら　行

〈著者紹介〉

山下　愛仁（やました　あいひと）

昭和42(1967)年６月　福島県会津若松市生まれ
平成２(1990)年３月　駒澤大学法学部政治学科卒業、航空自衛隊入隊
平成３(1991)年３月　３等空尉
平成７(1995)年３月　駒澤大学大学院法学研究科修士課程修了
平成10(1998)年３月　駒澤大学大学院法学研究科博士後期課程満期退学
平成13(2001)年３月　航空自衛隊幹部学校指揮幕僚課程修了
平成21(2009)年１月　１等空佐
現　　在　航空自衛隊幹部学校付（防衛研究所一般課程在籍）

これまで、第２航空団(千歳市)、中部航空警戒管制団(狭山市)、第83航空隊(那覇市)、中部航空方面隊司令部(狭山市)、第22高射隊(つがる市) 等の部隊の他、長官官房国際室(現防衛政策局国際室)、航空幕僚監部防衛部防衛課等において勤務

国家安全保障の公法学

2010(平成22)年５月25日　第１版第１刷発行

著　者　山　下　愛　仁
発行者　今井　貴・今井　守
発行所　信山社出版株式会社
〒113-0033 東京都文京区本郷6-2-9-102
電　話 03 (3818) 1019
FAX 03 (3818) 0344
info@shinzansha.co.jp
製　作　株式会社信山社
出版契約 No.6033-0101　printed in Japan

印刷・製本／亜細亜印刷・大三製本
ISBN978-4-7972-6033-5　C3332
6033-012-022-020-002 : P336
NDC 分類323.000. 公法・防衛法

広中俊雄 編著

日本民法典資料集成

第一巻 民法典編纂の新方針

【目 次】

『日本民法典資料集成』(全一五巻)への序
全巻凡例 日本民法典編纂史年表
全巻総目次 第一巻目次(第一部細目次)
第一部 「民法典編纂の新方針」総説
Ⅰ 新方針(=民法修正)の基礎
Ⅱ 法典調査会の作業方針
Ⅲ 甲号議案審議前に提出された乙号議案とその審議
Ⅳ 民法目次案とその審議
Ⅴ 甲号議案審議以後に提出された乙号議案
第一部あとがき(研究ノート)

来栖三郎著作集Ⅰ〜Ⅲ

各一二、〇〇〇円(税別)

《解説》安達三季生・池田恒男・岩城謙二・清水誠・須永醇・瀬川信久・田島裕
利谷信義・唄孝一・久留都茂子・三藤邦彦・山田卓生

■Ⅰ 法律家・法の解釈・財産法 財産法判例評釈(1)〔総則・物権〕 A 法律家・法の解釈・慣習―フィクション論につらなるもの 1 法の解釈適用と法の遵守 2 法律家 3 法の解釈と法律家 4 法の解釈における制定法の意義 5 法の解釈における慣習の意義 6 法における擬制について 7 いわゆる事実たる慣習と法たる慣習 B 民法・財産法全般〔契約法を除く〕 8 学界展望・民法 9 民法における財産法と身分法 10 立木取引における明認方法について 11 債権の準占有と免責証券 12 損害賠償の範囲および方法に関する日独両法の比較研究 13 契約法と不当利得法 ＊ 財産法判例評釈(1)〔総則・物権〕

■Ⅱ 契約法 財産法判例評釈(2)〔債権・その他〕C 契約法につらなるもの 14 契約法 15 契約法の歴史と解釈 16 日本の贈与法 17 第三者のためにする契約 18 日本の手付法 19 小売商人の瑕疵担保責任 20 民法上の組合の訴訟当事者能力 ＊ 財産法判例評釈(2)〔債権・その他〕

■Ⅲ 家族法 家族法判例評釈〔親族・相続〕 D 親族法に関するもの 21 内縁関係に関する学説の発展 22 婚姻の無効と戸籍の訂正 23 穂積陳重先生の自由離婚論と穂積重遠先生の離婚制度の研究〔講演〕 24 養子制度に関する二三の問題について 25 日本の養子法 26 中川善之助「日本の親族法」〔紹介〕 E 相続法に関するもの 27 共同相続財産に就いて 28 相続順位 29 相続税と相続制度 30 遺言の解釈 31 遺言の取消 32 Dowerについて F その他、家族法に関する論文 33 戸籍法と親族相続法 34 中川善之助「身分法の総則的課題―身分権及び身分行為」〔新刊紹介〕 ＊ 家族法判例評釈〔親族・相続〕 付‐略歴・業績目録

信山社

芦部信喜·高橋和之·高見勝利·日比野勤 編著

日本立法資料全集

日本国憲法制定資料全集

(1) 憲法問題調査委員会関係資料等

(2) 憲法問題調査委員会参考資料

(4)-Ⅰ 憲法改正草案·要綱の世論調査資料

(4)-Ⅱ 憲法改正草案·要綱の世論調査資料

(6) 法制局参考資料·民間の修正意見

続 刊

信山社